托勒密

约 100—170
古希腊天文学家。以地心说为基础，汇集当时天文学知识，并编写成书。

哥白尼

1473—1543
首次提出了"日心说"，认为太阳才是宇宙的中心。

还是转的

地球是一颗蓝色的星球。

尤里·加加林

1934—1968
1961 年 4 月 12 日，搭乘东方 1 号，成功地完成了人类首次太空飞行。

斯普特尼克 2 号

1957 年 11 月 3 日发射将一只名叫"莱卡"的小狗送入太空。

人造卫

1957 年 10
历史上的首

阿波罗 11 号

1969 年发射
1969 年 7 月 20 日，完成了人类第一次登月任务，并顺利返回地球。

旅行者 1 号、2 号

1977 年发射
美国发射的宇宙空间探测器，现在已经飞离太阳系，进入星际空间。

国

1998 年开
以美国为
括多个国
的国际太
供宇宙探
暂停留和

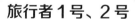

探索宇宙的历史

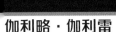

伽利略·伽利雷

64—1642

心说的支持者。利用自己
作的望远镜，第一个观察
太阳黑子和木星的卫星等
象。

艾萨克·牛顿

1643—1727

提出万有引力定律，发明了
牛顿式发射望远镜。

埃德温·哈勃

1889—1953

发现银河系外星系离银河系
越来越远，提出了"哈勃定
律"。

星1号

日4日人类发射
颗人造卫星。

好奇号

2011 年发射
美国发射的好奇号火星探测
器，发现火星表面水流的痕
迹。

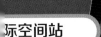

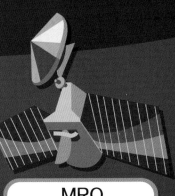

际空间站

始建造
我罗斯为首，包
家共同参与建设
空合作项目，可
则器和宇航员短
补给。

MRO

2005 年发射
美国发射的火星侦察轨道探
测器，用于完成火星轨道的
侦察及其他任务。

Britannica® 大英儿童漫画百科

① 穿越星际大冒险

〔韩〕波波讲故事/著 〔韩〕李正泰/绘

章科佳/译

湖南少年儿童出版社
HUNAN JUVENILE & CHILDREN'S PUBLISHING HOUSE

ENCYCLOPÆDIA
Britannica®

《大英儿童漫画百科》是根据美国大英百科全书公司出版的《大英百科全书（儿童版）》改编而成，为中小学生量身打造的趣味百科全书。

10大知识领域

本丛书以美国芝加哥大学的学者和美国大英百科全书编辑部共同编撰出版的《大英百科全书》为参照，分为以下10个知识领域：

- 物质和能量　构成世界的物质及能量的相关知识
- 地球和生命　地球本身及地球生物的相关知识
- 人体和人生　人的身体、心理和行为的相关知识
- 社会和文化　人类形成的社会和文化的相关知识
- 地理　世界各国的历史和文化的相关知识
- 艺术　美术、音乐等各种艺术及艺术家的相关知识
- 科技　创造当今文明的各种科技的相关知识
- 宗教　影响人类历史和文化的宗教的相关知识
- 历史　历史事件及历史人物的相关知识
- 知识的世界　人类积累的知识体系及各个学科的相关知识

活学活用《大英儿童漫画百科》的"三步法"

第一步 **01**

查看图书扉页前的信息图，了解学习内容的核心知识点。

第二步 **02**

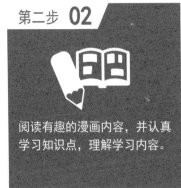

阅读有趣的漫画内容，并认真学习知识点，理解学习内容。

第三步 **03**

查阅附录收录的《大英百科全书》中的相关条目，接触更深的知识点，深化理解所学内容。

写给家长和孩子的话

　　现代社会是一个信息化社会。以前我们获得知识的途径非常有限，而现在身处发达的信息化社会，只需要鼠标轻轻一点，就能够获取成千上万的知识。然而从这些知识当中，寻找真正有用的知识却变得越来越难。

　　《大英百科全书》，被认为是当今世界上最知名也是最权威的百科全书。它将构成人类世界的所有知识分成了10个知识领域。该书囊括了对人类知识各重要学科的详尽介绍和对历史及当代重要人物、事件的翔实叙述，其学术性和权威性为世人所公认。

　　本丛书是以美国芝加哥大英百科全书公司出版的《大英百科全书（儿童版）》为基础，综合中小学阶段的教学内容而精心打造的趣味百科全书。此外，图书扉页前的信息图，在视觉上直观地展现了本书的核心知识内容，摆脱了以往枯燥的文字说明，有助于孩子理解和记忆。同时，书中还附有各种知识总结页，涵盖了自然科学和社会科学的各种知识体系，有助于培养孩子的创造性思维方式，将所学的知识，融会贯通。当今社会的学习，不再是简单地注入大量的知识，而是体验一种过程——获取新知识，然后将其消化吸收并举一反三收获新知识的过程。衷心地希望《大英儿童漫画百科》丛书不仅能够帮助孩子积累知识，而且还能引领孩子从中寻找到知识的趣味，感受到获得新知识时的喜悦，从而进入一个真正的学习世界。

韩国初等教育科学学会

交给孩子们打开科学之门的钥匙

在当今这个时代，信息和科技正以惊人的速度在改变着世界。面对这样日新月异的世界，我们不禁要问，我们要把怎样的知识传授给孩子们，才能让他们的成长跟得上世界变化的脚步？我们无法穷尽所有的知识，但或许我们应该做的是交给孩子们一把钥匙，让他们用这把钥匙去寻找和探索他们需要的知识，去敲开未知之门，认识世界。这把钥匙是什么？我想，应该是好奇心、科学的思维方式和研究方法。

我们如何把这把钥匙交到孩子们手中呢？除了课堂上老师的传授之外，我想，优秀的课外阅读书籍是必不可少的。就优秀的少儿科普类图书而言，我认为，需要具备两个品质：第一是权威性，第二是启发性。这套《大英儿童漫画百科》就我看来，是具备这两个品质的。它依托了当今世界上最知名、最权威的《大英百科全书》，因此能够保证其科学、严谨、精准的品质；同时，它并不高高在上，而是用孩子们喜闻乐见的漫画故事的形式，吸引孩子们进入科学的世界，跟随主人公们一起去发现、去探索、去冒险，从而了解和爱上科学，因而具备很强的启发性。

"穿越微生物王国""地球勘探之旅""星际大冒险""天气探险"……在这些科学的旅程中，孩子们会身临其境，追根溯源，或者会动手试验，发现比较，而这些不正是科学的思维方式和研究方法吗？孩子们不会觉得科学是坚硬的，因为他们的好奇心也在这些奇妙旅程中一次次被激发，他们的手上正握着那把科学之门的钥匙呢！

当然，一套书好不好看，还是孩子们说了算。孩子们不妨翻开书读一读，我想这套书是可以经受起检验的。

王渝生　国家教育咨询委员会委员
中国科技馆原馆长、研究员
著名科学家

发现《大英儿童漫画百科》这套书，我有些难以抑制的兴奋，好像找到了一个法宝——将系统、基础的百科知识以一种最贴近儿童思维和心灵的方式呈现出来。

作为经典，《大英儿童百科全书》不知伴随了多少代人的成长。市面上的儿童科普读物林林总总，有趣易读的有很多，但作为一名基础科学教育工作者，眼光总是挑剔了许多，最终还是会倾向知识更为系统全面、最贴近科学本真的读物，而且也期待这种读物会以一种更贴近儿童世界的面貌出现。

这套漫画版百科的问世，无疑让人的心亮了。10大知识领域以"主题漫画"的方式铺展开，为孩子创造了一个个故事新奇又颇具探险精神的科学情境，所有知识就在一幅幅生动有趣的连环漫画中立体鲜活起来。同时，书中大量的信息图和附录相关条目又还原了科普知识的原汁原味，方便孩子巩固、深化所学。

从这套书里我看到了"尊重"，既尊重了科普知识的系统性，又尊重了儿童的思维和心灵。这里面有童趣、探险、幽默、创意，更有实事求是的科学态度。

中国人民大学附属小学科学老师　张　驰

《大英儿童漫画百科》系列图书，一旦翻开，就让你有一种停不下来的感觉，我超喜欢看。以前我看漫画书，妈妈总说我，现在可不了，我看的可是科学漫画书，书中既有漫画带来的快乐，又有漫画故事中讲述的百科知识。

书中主人公罗云毛手毛脚、爱好美食，但对未知的事物有着强烈的探索心。他和美琪一起穿越星际，飞入昆虫世界……一个个惊险刺激的故事不仅让我一同感受了曲折冒险经历的紧张，还告诉了我相关学科的知识，一步步揭开了我心中的谜团，让我知道了太阳系是怎样形成的，光是如何产生七彩光芒的，蝉是如何发声的等等。

凯勒说："一本书就像一艘船，带领我们从狭隘的地方，驶向无限广阔的生活海洋。"《大英儿童漫画百科》就像一艘艘轮船，带着我驶向无垠的知识海洋！

长沙市四方坪小学
六年级学生　唐钟誉

目录

Britannica®

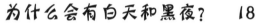
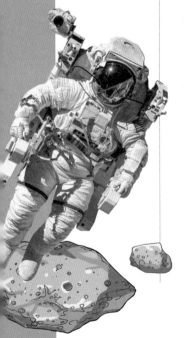

02 ┃ 恒星

奥利奥

奥德赛集团的会长，曾亲自参与最尖端的宇宙飞船——奥德赛1号的研发。他带着罗云、美琪一同搭乘奥德赛1号，前往太空去旅行。他通晓宇宙的各种知识，还能绘声绘色地讲给小朋友听，让之前对科学毫无兴趣的罗云，深陷宇宙的神奇世界。

罗云

想象力丰富，活泼，好奇心强，不爱学习的贪玩少年，科学成绩倒数第一。他意外收到奥利奥会长的邀请参与了太空旅行。通过此次太空旅行，他找到了学习的乐趣，并成为了宇宙研究所的研究员。他在美琪面前总是想要展现自己出色的一面。

美琪

聪明伶俐的小女孩，科学知识丰富，成绩名列前茅。她善于心算，美貌与智慧并存，人称"天才"。初次印象给人感觉有点高冷，不过在太空旅行的过程中，和罗云接触以后，两个人变成了亲密的朋友。她好奇心重，理解力强，掌握宇宙知识非常迅速。

太空，我们来了！

你好，我是奥德赛集团的会长奥利奥。

啊？您说的是哪个集团的会长？

哈哈，我们公司创立的宗旨就是用科学技术让生活变得更加便利。

哦……我想起来了。上次在新闻上看到过您，说是首次研究开发出了可以灭火的消防机器人，大大减少了消防员的伤亡！

哈哈——

神气十足

对啊，最近开始了一个新的项目，让普通人去太空旅行的那种。你没听说吗？

不久前最终试飞获得成功，现在真的就只剩下去宇宙这件事了！

哈哈

这位大叔还真是喜欢炫耀啊！

呃？

一怔！

可是这和我有什么关系呢？

哦……是这样的……

李罗云！

罗云小朋友，恭喜你！你被选为本次太空旅行的参加者了！

李罗云：
我们诚挚地邀请你参加本集团组织的太空旅行。

奥德赛集团会长奥利奥

我吗？大叔，您是不是逗我玩呢？

怎么会？我对你也是千挑万选的呀！

我……为什么是我？

这种事情还能轮到我。

因为你在科学竞赛中得了一个大鸭蛋呀！

这……这跟太空旅行有什么关系？

他怎么知道我考了0分！

啊

不懂科学的孩子，去参加太空旅行能够产生兴趣的话，

也不失为一件好事……

对不起，我没有兴趣。

学习很累的。

再见！

哦，过来了？罗云，来，认识一下，这是和你一起去太空旅行的美琪。

会长先生！

嗯？会长您为什么不早说？

和你不同，她可是全国科学竞赛的第一名。你们以后要好好相处啊。

呜哇，好漂亮！而且还是一个学霸！

几天后。

各位观众朋友，大家好！我现在的所在地，就是有史以来，私人公司首次发射宇宙飞船的现场。

快看，是奥利奥会长！

哇啊！好帅呀！

在我小时候，当看到阿波罗11号登月的时候，就萌生出一个梦想。那就是通过科学为人类创造幸福。

现在我就要为了实现这个梦想，出发去茫茫的宇宙空间了。

史上首位儿童宇航员，我一定出色地完成任务凯旋。

信心十足！

美琪，还有我呀！妈，我上电视了！看见没。哈哈哈！

哥儿们，我罗云上电视了。看到我了吗！哈哈哈哈哈！

同学，有必要激动成这样吗？

那小子可真不让人省心……

5

01

太阳系

太阳系是由处于中心的太阳以及所有被太阳引力约束的天体组成。它包括会发光发热的恒星——太阳，八大行星以及绕着行星公转的卫星，还有无数的小行星和矮行星等。我们生活的地球是绕着太阳公转的行星之一。太阳系是怎么形成的？太阳系的天体都有什么特点呢？

地球长啥样？

宇宙飞船马上就要发射了，请系好安全带！

咔嚓

哈哈，终于等到这一刻。

感慨万千！

看到美琪的第一眼，我就心动了，于是二话不说，就答应去太空了。

去太空，可不是闹着玩的，要接受大量的运动训练，这是无重力训练。

晕

咻咻

扑通

扑通

还有，在海上迫降的生存训练……

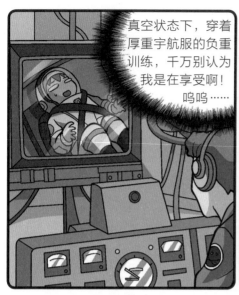

真空状态下，穿着厚重宇航服的负重训练，千万别认为我是在享受啊！呜呜……

咻咻咻

巨大的离心力

重力加速度训练的时候，真的要死了……

经受住这么多的艰难困苦，终于等到了这一时刻。真的好崇拜自己啊！

唰

倒计时现在开始！

3！

2！

1！

发射！

砰

突突突突

突突突突

哈哈，
当然啦！

还好，
一切顺利。

你们现在乘坐的是奥德赛1号宇宙飞船，我是本艘飞船的船长。

会长，您是这艘飞船的船长？

那您，是亲自操纵这艘飞船？

当然啦，这艘飞船从头到尾都是经我手研发的呢。

得意！

哇

来到外太空有什么感想呀？

像做梦一样，圆圆的地球，整个尽收眼底！太神奇了！

▶ 从哪儿开始算是宇宙空间？

大气的厚度约为 1000 千米。因此，有的科学家认为海拔 1000 千米以上的地方就是宇宙空间（又称外太空或太空）。然而，海拔 100 千米以上的空间已经同宇宙环境相似，因此，人们一般把海拔 100 千米当作地球和宇宙空间的分界线。

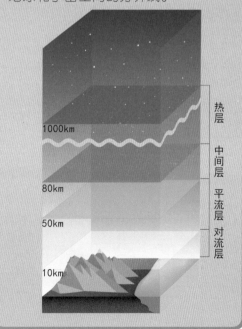

1000km

80km

50km

10km

热层

中间层

平流层

对流层

11

不过，以前人们不认为地球是圆的。

嗯？我怎么看来看去，都是圆的啊？

哎哟，以前人们没法在外太空中看地球嘛。

古代人眼神不好吗？

嗬！果真是学霸！是啊，在地球上看的话就是很平坦呀。

超级平坦

哪里圆啦？

根本很平坦好吗？

只有身处外太空遥望地球，才可能发现地球是圆的。

那以前的人们，认为地球是什么样的呢？

这个嘛，各个国家的看法都不一样呢。

好奇心爆棚！

古代苏美尔人认为天是圆的，地是平的。

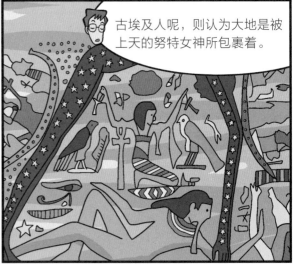

古埃及人呢，则认为大地是被上天的努特女神所包裹着。

12

古印度人认为，一条巨大的蛇身上驮着一只乌龟，而乌龟的背上驮着几只大象，这些大象呢，就支撑着我们的地球。

这想象，还真是天马行空呢！

和我有得一拼。

但古希腊人发现了地球是圆的。

真的，还是假的？不在地球以外看的话那是如何知道的呢？

莫非真的是穿越到了现代？

嘿嘿！当然靠的是好奇心和观察力呀！

啊？好奇心和观察力就可以了吗？嘿嘿，好像这两样我也有呢！

啊？人类所有的发现都是从好奇心开始的。以前虽然没有先进的工具，人们也想知道地球的样子。

凭借敏锐的观察力，人们最后找到了答案。来，看看这个。

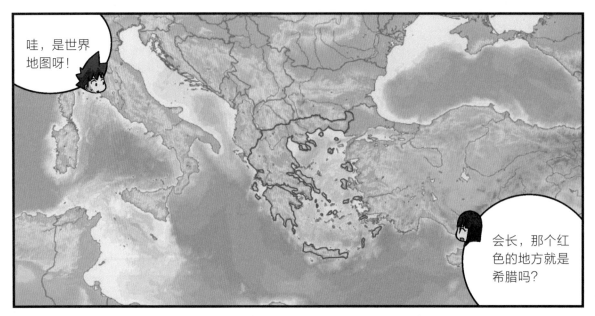

哇，是世界地图呀！

会长，那个红色的地方就是希腊吗？

对啊，由于希腊濒临大海，所以进进出出的船只就很多。

可是令人奇怪的是，人们发现，随着驶向大海的船只越来越远，船看起来好像沉下去了一样。

当时古希腊人看到这情景，他们以为船是掉下了悬崖。

啊啊啊，掉下去了！

咦？这不是上次消失的那艘船吗？

嗬，还真是，不会是鬼船吧？

但是更令人吃惊的是，曾经以为掉下悬崖的船又回来了。

而且船驶来的时候，船看起来好像是从下往上慢慢浮起来的一样。

当时人们对这个也非常好奇。

呃，真是太神奇了，到底是什么原因呢？

所以学者们就聚到一起讨论，最后猜想地球会不会是圆的呢。

哦！

啊！

▶ 证明地球是圆形的证据

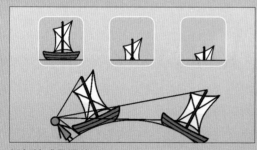

假如地球是圆的？

随着船只离港口越来越远，船从下面开始渐渐消失，最后，桅杆的顶端也消失不见。

假如地球是平的？

随着船只距离港口越来越远，船身整体越来越小，但还是能看见船整体的样子。

15

窗外的月亮也能证明地球是圆的。

月亮？月亮说地球是圆的？

哈哈，单向思维的小子。你们听说过月食吗？

当然，我还亲自观测过呢。

哇。好神奇啊！

绕太阳公转的地球，如果和月亮、太阳位于同一条直线上的话，地球的影子就会遮住月亮，这个时候就会发生月食现象。

因为月亮进到地球的阴影之中，所以月亮上面就会投射有地球的影子。

▶ 日食和月食

　　地球绕太阳公转，同时月球也绕着地球公转，所以太阳、地球和月球三者之间的位置和顺序都是不断变化的。当月球运动到地球和太阳中间，如果三者正好处在一条直线，月球就会挡住太阳光，就会发生日食。此时，月球把太阳完全挡住，称为日全食；挡住一部分太阳，称为日偏食。

　　同日食相反，当月球进入地球的阴影，就会发生月食。月球完全被挡住，称为月全食；只有一部分被挡住，称为月偏食。

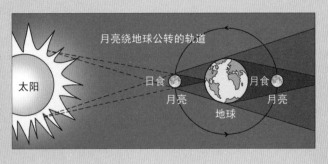

太阳　　月亮绕地球公转的轨道　　日食　月亮　月食　月亮　地球

为什么会有白天和黑夜?

不过，直到几百年前，人们才发现地球是在不停地转动的。

咦？会长，我也没觉得在转呀！

事实上，地球不仅在转动，而且转得非常快，几乎24小时就转一圈。

那是有多快？不要欺负我数学不好嘛！

唉，没办法，我来算算。

地球转一圈大约4万千米，再除以24小时的话……

地球的自转速度

= 地球的赤道周长 ÷24h
=40000km÷24h
≈ 1667km/h

一小时大约转动1667千米啊。

飞机迅速飞过！

天哪，就那么快速地算出来了！漂亮姐姐，你好厉害呀！

那地球上的人，不也得以相同的速度跑才行？

嗬，离祖国越来越远了，不行，我得跟上！

坐飞机的时候，你有没有感受到自己也在快速飞行？

没有。

我一般都在睡觉。

飞机在飞行时，飞机中的乘客和飞机以同样的速度在移动，乘客有保持自身原有的运动状态的性质，也就是所谓的惯性。

▶ 惯性定律

物体保持自身原有运动状态或静止状态的性质叫作惯性。行驶的车突然停住，人的身体会往前倾；静止的车突然启动，身体会向后仰。这都是由于惯性而引起的现象。

同样的，我们也不例外。地球上的所有物体都和地球以同等的速度移动，所以感受不到地球在转动。

一脸迷茫！

嗯……好像有点明白，好像又不太明白……

的确，这个理解起来不那么容易。以前的人们也认为，地球是不转动的。

以前的人们对自己亲眼所见的深信不疑，认为太阳自东向西绕着地球转动。

西　　　东

而事实上，我们看到太阳东升西落，是因为地球每天自西向东自转一圈。

西

东

要是地球不自转的话，会怎么样呢？

这……这个……

还没想过

我知道，能看见太阳的地方一整天都是白天，看不见太阳的地方一整天都是黑夜。

好崇拜自己呀！

说得很对。昼夜更替也是地球自转的结果。

▶ 昼夜更替的原因

昼夜更替是由于地球自转产生的现象。由于地球自转，朝向太阳的一面受太阳照射成为白天，另一面因接收不到太阳光而成为黑夜。

夜　　地球　　昼

太阳

会长大叔，还有其他的证据吗？

这小子还真的富有好奇心！

人造卫星围绕地球转动，而随着时间的推移，我们发现它们的轨道会向西移动。

人造卫星的轨道不是固定的吗？

是啊，但是地面观测站会看到人造卫星的轨道在慢慢向西移动。

最初的轨道

两小时后的轨道

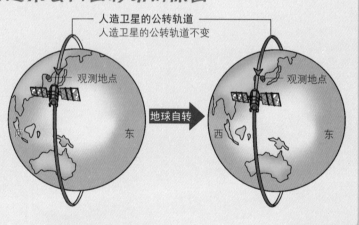

▶ **人造卫星的轨道看起来会向西移动的原因**

从地球上观测人造卫星运行轨道，会发现随着时间的推移，人造卫星渐渐向西移动。而实际上，这种移动并不是人造卫星的轨道本身发生移动，而是由于地球本身自西向东的自转而导致观测点的位置发生移动，所以才会出现这种观察上的错觉。

人造卫星的公转轨道
人造卫星的公转轨道不变

观测地点

西 东

地球自转

观测地点

西 东

嗯，哼……看来地球真的是在转动呢。

到现在，你才相信我的话啊！

勃然大怒

恍然大悟状

大家快看，现在这个瞬间，地球也正在旋转呢……

哇，好壮观呀！

为什么会有春、夏、秋、冬四季?

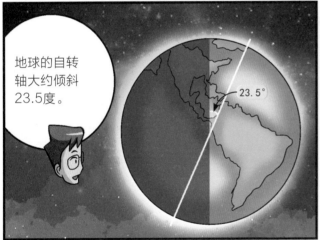

如果是垂直的呢？

一年内就不会有季节的变化了吧？

啊？那岂不是夏天就不能去游泳，

冬天就不能滑雪了？

好担心！

请问你又是什么时候把他这个带来了？

▶ 行星的自转轴

包括地球在内的太阳系行星在绕太阳公转的同时，也都在进行自转。而它们自转轴倾斜的角度各不相同。

大部分行星像地球一样，自转轴倾斜一定角度，而水星的自转轴几乎是垂直的，金星自转方向与其他行星相反，天王星的自转轴则是"平躺"的。

水星	金星	地球	火星	木星	土星	天王星	海王星
0.01°	177°	23.5°	25°	3°	27°	98°	28°

会长大叔，自转轴的倾斜是怎样影响季节变化的？

哈哈，问得好，地球倾斜着绕太阳公转……

咦？刚才不是说，地球在原地自转吗？

没错啊！

哎，真忍不了了，是地球自转的同时也在公转呀。

美女姐姐，不要这样对我嘛！

啊，怎么回事？转啊转，头都转晕了！

▶ 地球的自转和公转

地球以自转轴为中心，一天转一圈，称为自转；地球围绕着太阳，一年转一圈叫作公转。

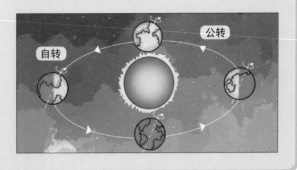

公转

自转

去游乐园玩的时候，有没有坐过旋转茶杯？

嗯，这个我喜欢，以前和爸爸一起坐过呢。

嗖

嗖

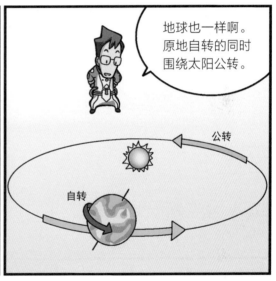

地球也一样啊。原地自转的同时围绕太阳公转。

公转

自转

不过，应该转得很慢吧？不然我会被甩出去了呀！

臭小子，应该是你完全感觉不到在转吧？

实际上地球的公转秒速大约是30千米。

美琪，你说说那是有多快。

就是说，1秒大约能走30千米。

25

嘿，"转"了这么久，你们知道为什么地球上会有四季的更替吗？

地球在公转轨道上的位置变化，产生了春、夏、秋、冬的季节变化。

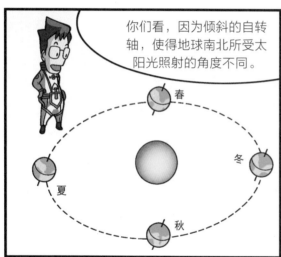

你们看，因为倾斜的自转轴，使得地球南北所受太阳光照射的角度不同。

春

冬

夏

秋

你们知道哪里是夏天，哪里是秋天吗？

呃……

这……这个嘛……

啊！我知道了。

选定北半球一个固定点进行比较的话，就很容易发现差别。

北半球？这又是什么鬼？

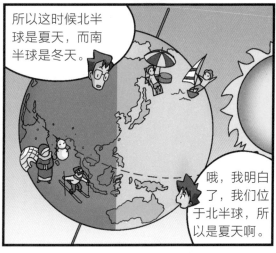

▶ 北半球和南半球

　　地球表面距离南北两极相等的圆周线叫作赤道，它把地球分为南北两个半球，其以北是北半球，以南是南半球。中国位于赤道以北，故属于北半球；而澳大利亚和新西兰位于赤道以南，故属于南半球。南北半球位置相反，相应的其季节也是相反的。换句话说，当北半球是冬季时，南半球则是夏季。

▶ 仲夏的圣诞节

　　每当到了圣诞节，我们总会联想到寒冷的天气和漫天飞舞的雪花。这对于北半球的国家来说，是一种很自然的现象。而在南半球，季节和北半球完全相反，不过那些身处在新西兰或澳大利亚的人们，则会在海边一边避暑，一边举行各种庆祝活动来迎接圣诞节的到来。

北半球的圣诞节。

南半球的圣诞节。

月亮上真的有兔子吗?

呃啊，妈呀！

噌地坐起来

吓死我了，做噩梦了吗？

什么？噩梦？

呼，还好。原来是个梦啊。

嗨，已经到月球了，带好你的通信装备！

这是哪里？我们来到月球了吗？

空空如也一片荒芜

啊

兔……兔子呢？说好的兔子呢？

你还真的相信月亮上有兔子？

小子，在月球上，生物是无法生存的。

别说兔子了，连棵草都没有。

满脸失望

呜呜，真的吗？

兔子的故事嘛，是过去人们看到月亮表面的纹路而凭空想象的。

嗯，有一只兔子在那里捣糕面呢。

妈妈，月亮上有什么呢？

我们能看到这种纹路，是因为月球表面有阴暗的部分和明亮的区域。

我们现在所站的地方，就是月球表面阴暗的部分，被称为"月海"。

这里被叫作海吗？明明一滴水也没有嘛。

对呀，月球上就是没有水呀。

那么为什么还要称为海呢？

大海

陆地

过去的天文学家们，以为月球上也如地球一样有陆地和海洋，所以他们就认为那些明亮的白色部分就是陆地。

那些明亮的地方应该是大地，而那些发暗的地方应该就是大海了。

会长大叔，为什么月海是灰黑色的呢？

那是由于灰黑色部分被暗黑色的玄武岩所覆盖。

玄武岩

哦？您说的是，在济州岛上很多的那种玄武岩？

没错，就是它。玄武岩是火山岩的一种。

与月海不同，那些比较明亮的月陆部分，是由一种叫作斜长岩的亮色岩石覆盖的。

斜长岩

咦？这两种岩石在地球上，不是也有吗？

是的。

▶玄武岩和斜长岩

　　月球表面的灰黑色月海部分，主要是由玄武岩组成。玄武岩是熔岩凝固而成的岩石，由此我们可以得知，在很久以前因为陨石的撞击等原因，月球内部的熔岩曾经喷发而出。而月球的陆地（月陆）部分主要是由斜长岩组成，斜长岩是由一种被称为斜长石的矿物质组成的岩石。和灰黑色的玄武岩不同，斜长岩颜色偏亮，因此月陆部分看起来比较明亮。

用玄武岩制成的济州岛石头爷爷。

阿波罗16号从月球带回的斜长岩。

月球上存在着和地球完全一样的岩石……这该怎么解释呢？

所以，也有人据此认为月球曾是地球的一部分。

呵呵呵，莫非是地球生下了月球？重大发现哦！

神一样的想象力，他怎么不说是太阳生下了地球呢？

哪

也是晕了……你也太夸张了吧！

地球生下了月球

地球刚形成的时候，表面受到连续不断的陨石冲击，因此十分灼热。

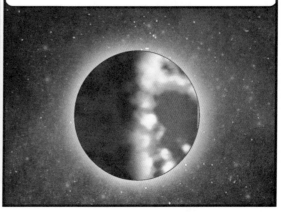

整个地球就像是一大团滚烫的岩浆。

这时，一个火星大小的天体向地球靠近。

地球

太阳

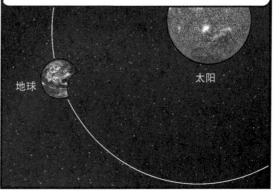

这个天体与地球发生碰撞，地球的一部分发生破碎，并飞向了宇宙空间。

地球

太阳

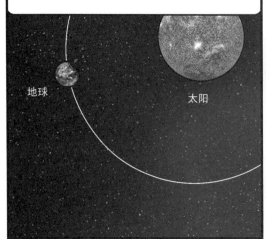

·这些碎片因为地球的引力作用，没能飞得很远，只能在地球周围转悠。

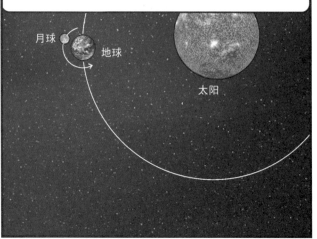

碎片相互聚合，形成巨大的一块，这就是我们今天所见到的月球。

当然这只是猜测啦，关于月球是如何形成的，至今还没有明确的结论。

不过，刚才说的版本是被大家普遍认可的。

哈……
哈……

哈欠

是不是说得太多了？那现在我们走走看看吧。

好！我赞成！

咦？怎么轻飘飘的？

咚 咚

看，可以跳得好高啊。呀呼——

嗖嗖

小心点，一不小心飞出去就再也回不来了。真不让人省心！

哇，我的跳高实力大幅度提升呀！

莫非我是传说中的太空体质？

哈哈

哈哈

你想多了。这是因为月球上的重力要远小于地球的。

啊？空欢喜一场！

▶ 什么是重力？

　　所有有质量的物体之间相互牵引的力叫作万有引力，其中，地球对物体的吸引力叫作重力，我们之所以不能飘浮在空中就是因为重力的作用。而在宇宙空间中没有重力，所以我们不能像在地球上那样行走。此外，重力的吸引也使大气不会散逸，而是围绕着地球形成大气层，我们才能进行正常呼吸。

月球虽然也有吸引我们的引力，但是月球的质量比地球小，其引力也小。

轻的话，引力也弱吗？大叔，好难理解呢。

质量能对引力产生影响，比地球轻的月球，其引力大约是地球引力的1/6。

月球上没有空气，所以昼夜温差很大。

这里是零下170摄氏度。

这里是130摄氏度。

空气和温度有关系吗？

当然有啊，空气有保温作用。

空气就像穿在地球身上的衣服。穿着衣服之所以会感觉暖和，是因为衣服能锁住身体散发的热量。

哆哆嗦嗦……热量散失了，好冷！

衣服锁住了热量，好暖和。

地球的大气

▶ 地球大气的保温作用

　　到达地球的太阳能，一部分被大气圈反射回太空，一部分被大气的水蒸气或二氧化碳等吸收后，又重新反射回地面。所以到了夜晚，气温也不会一下子降下来。这和温室的保温原理类似，阳光通过温室玻璃进来后，热量无法向外散失，所以温室就变得很暖和。月球上因为没有这样的大气，所以昼夜温差非常大。

所以，地球上才能维持适合生物生存的温度。

哎哟，什么时候开窍了？

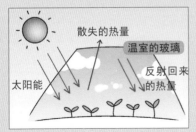

散失的热量

温室的玻璃

太阳能

反射回来的热量

温室的原理

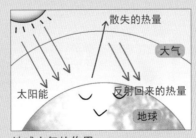

散失的热量

大气

太阳能

反射回来的热量

地球

地球大气的作用

▶ 月球的地形

　　月球表面阴暗的部分称为月海，虽然是"海"，但是并没有水，而明亮的部分称为月陆。月球上到处都是星罗棋布的环形山，因为没有大气，所以自然不会有风化作用，环形山还保留着刚生成时候的样子。

月海
月球表面阴暗的部分，由玄武岩岩浆凝固而形成的地形。

月湖
由熔岩凝固形成，比月海小，且位置孤立。

月球山脉
月球表面连续分布的山峰带。

环形山
由陨石撞击形成的陨石坑。环形山大小不一，直径相差悬殊，直径从几厘米到200千米。

月陆
月球表面明亮的部分，占月球表面约85%，上面分布了大量的环形山。

月球表面的环形山
由陨石冲击凹陷形成的陨石坑，布满了整个月球表面。

静海
人类搭乘阿波罗11号首次登月时，着陆地点正是静海，由此闻名于世。

宇航员的脚印
因为没有水和空气，1969年宇航员留下的脚印依然保持原样。

月亮的脸偷偷地在改变

而从侧面看的话，就只能看到半张脸。

月球也是一样，从侧面看的话，只能看到受到阳光照射的那一半。

当月球移动到地球的斜前方时，只能看到一点点月牙。

而当月球运行至太阳和地球中间，成为一条直线的话，被太阳照射的那面背向地球，所以我们就看不见月球了。

而当月球被阳光照射的部分，正面全部展现在我们面前时，我们就能看到月球完整的样子了。

结果就是，一样的月球，会随着观察角度的变化，而呈现出不同的样子。

对。

▶ 月球为什么会变样？

　　月球本身不会发光，但它能反射太阳光，因此有时候它看起来很亮。地球一年绕太阳公转一圈，而月球一个月绕地球公转一圈，因此，太阳、地球、月球的顺序和位置在不断变化。人们只能看到月球受到太阳光照射的那部分，所以在地球上所看到的月球的样子，总是在不断变化。蛾眉月、望月（满月）、残月等这些词，就是描述月球不同的形状。随着时间的推移，月球的形状不断变化，当再次回到原来的形状时，大概需要29.5天。

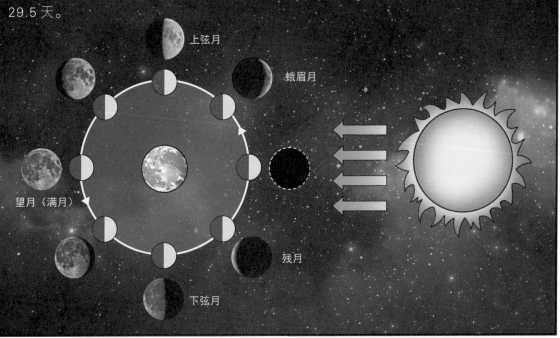

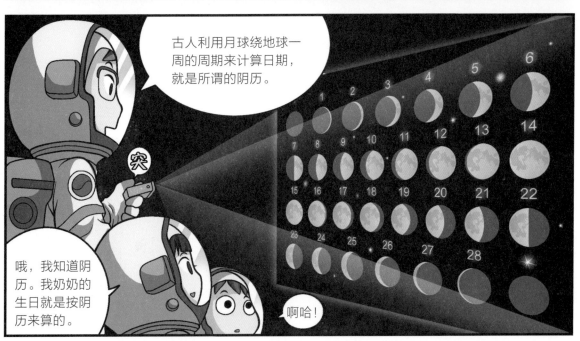

古人利用月球绕地球一周的周期来计算日期，就是所谓的阴历。

哦，我知道阴历。我奶奶的生日就是按阴历来算的。

啊哈！

▶ 阳历和阴历

很久很久以前，人们就发现月亮的形状会发生周期性的规律变化，就以此为基准创制了历法，这便是阴历；而以太阳的移动为基准，创制的历法便是阳历。当今，大部分国家都使用阳历。

▶ 以太阳为基准的阳历

阳历是以太阳移动为基准而创制的历法，也叫作太阳历。阳历的一年为地球围绕太阳转一周所花费的时间，即365天。然而这个公转周期并不是整365天，而是365.25天，所以每隔4年，就会在2月多加上一天，而那一年便是366天。日照强度对于农耕至关重要，阴历在相同的日期日照强度变化较大，而阳历则几乎固定不变。

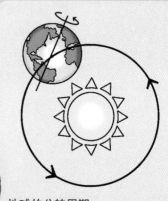

地球的公转周期
根据阳历，地球绕太阳公转一周所需的时间为365.25日。

古代阿兹特克太阳历
古代阿兹特克信奉太阳神，他们创制的太阳历一年有365天6个小时，这与现代阳历不同。

▶ 以月球为基准的阴历

月球绕地球一周所需的时间定为1个月，这便是阴历。准确来说，这个周期应当是29.5日，相当于一个月为29日或30日。然而，阴历的一年比阳历的一年短10天左右。因此，每隔2到3年会添加一个月使阴历与阳历相对应，这便是闰月。此历法虽以月球为基准创制，但由于闰月的加入使其与阳历一致，也叫作阴阳历。

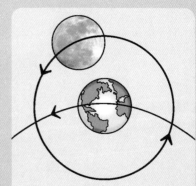

月球的公转周期
月球绕地球公转一周的时间为27.3天（恒星月），但是由于月球在绕地球公转的同时，地球也在绕着太阳公转，所以实际上整个月相的变化周期为29.5天（朔望月）。

月球的形状变化
月球由蛾眉月到上弦月逐渐至望月后，又重新变小，整个过程耗时29.5天。

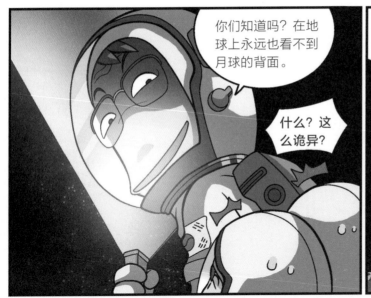

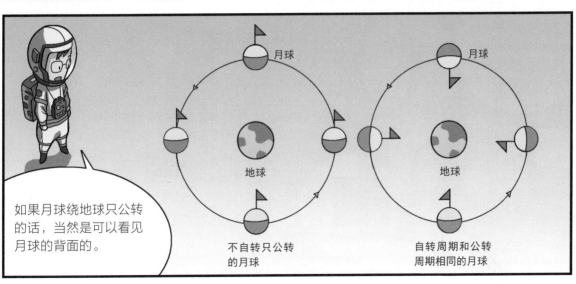

而且，月球的自转周期和公转周期相同。

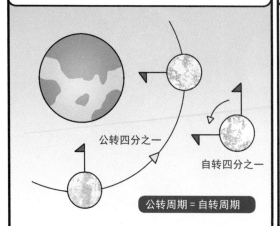

公转四分之一

自转四分之一

公转周期 = 自转周期

所以，月球总是以相同的一面对着地球呀。

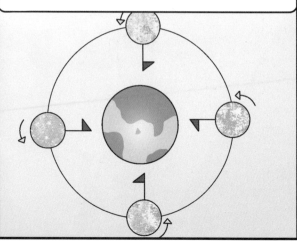

换句话说，就是在地球上绝对看不到月亮背面。这下懂了吧。

啊哈，我懂了，转啊转啊，就是从不给我一个背影。

▶ 白道和黄道

　　仰望夜空，我们可以发现，月球在群星中的运行轨道很固定。我们把这条轨道叫作白道，意为"白色月球行进的道路"。同时地球绕太阳转，看起来像是太阳在移动，我们把这条轨道叫作"黄道"，意为"黄色太阳行进的道路"。当太阳、月球、地球运行到同一直线上时，就会出现日食和月食现象。由于黄道和白道并不重合，而是存在一个约 5 度的夹角，因此并不是每个月都会出现日食和月食。

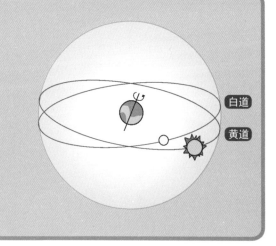

白道

黄道

可是！嗯……

可是…… 可是什么？

1959年月球号太空船首次拍摄到了月球背面的照片。

啊？真的吗？真是太棒了！

月球的背面有什么呢？有没有外星人？

当然没有！

哔

不错。要是非得说有什么不一样，那就是正面阴暗的月海部分较多，而背面几乎没有。

正面　　背面

咦？和正面没有什么差别呀。

实际看来，月球背面的确没有什么特别的。不过在之前看不到背面的时候，人们还做过很多设想。

月球的背面不会有外星人吧？

听说在月球的背面看到外星人的足迹了。

不晓得住在月球的外星人会不会入侵地球呢？

不过，宇航员从月球回来之后，人们就不相信那些传闻了。

是啊……但是，怎么感觉有点遗憾呢？

为什么太阳是个大火球？

稍后抵达目的地，请系好安全带。

嗯？

嘿，我平衡感很好，不需要！

真是无知者无畏呀，都不知道我们要去哪儿……

呼啦

？

请注意！请注意！前方有日珥，前方有日珥。

嗯？这又是啥东东？

咆

呃啊啊啊！

嗖嗖

咔的一声撞到了门上。

哐当

▶ 日珥

日珥是太阳色球层上喷发出的火焰般气柱，它呈巨大环状，可高达距离日面几十万千米。

太阳表面的日珥。

呼——好险！终于躲开了日珥。

还好我反应快，不然真是凶多吉少呀！

天哪！船长！还能不能好好开船了！我们还是赶紧返回地球吧！

对……对不起，我只是想再靠太阳近一点嘛。

船长大叔，您够狠，我的头都撞歪了！

好啦，我知道了，臭小子，你看看窗外。

男孩悻悻……

嗯？窗外？

哇——

47

哇，太阳真的是很大很大啊！

当然了，太阳的直径是地球的109倍，体积是地球的130万倍呢。

太阳的大小

太阳体积巨大，是地球的130万倍。直径约为140万千米，是地球的109倍。其质量大约是地球的33万倍，占有太阳系总体质量的99.9%

嘿嘿，我是太阳系老大。

好羡慕！

太阳

地球

木星

刚才真是吓死了，日珥突然喷发出来……

日珥是在太阳大气层中爆发出来的火柱。

啊？在太阳上还会发生爆炸吗？

不仅如此，太阳的大气层偶尔也会发生叫作耀斑的大爆炸。

剧烈的太阳爆炸——耀斑

耀斑是太阳大气活动较活跃时，发生在靠近太阳黑子区域的一种最剧烈的爆发现象。它能在短时间内释放巨大能量，引起局部瞬间加热，向外发射各种电磁辐射，并伴随粒子辐射突然增强。受此影响，人工卫星的通信会受到影响，还会引起输气管道的爆炸。

一次太阳耀斑能够在短短的几分钟之内，一次性释放出巨大能量，其能量相当于数千颗氢弹同时爆炸释放的能量。

耀斑：发生在太阳日冕和色球层上的剧烈爆炸。

耀斑爆发后，发射出x射线和紫外线等各种电磁辐射，以光速向外传播。

这些电磁波到达地球之后，会干扰无线通信。

电磁波和带电粒子像风一样地从太阳上刮到地球的现象，叫作太阳风。

太阳好像在发出掌风一样，看，我的降龙十八掌，嘿哈！

▶ 太阳风和德林杰现象

太阳表面的日珥或耀斑爆发，释放出大量电磁波带电粒子，猛烈涌向包括地球在内的太阳系天体的现象叫作太阳风。

太阳风增强会影响地球周围的磁场，从而出现无线通信中断的现象。美国物理学家德林杰首先发现了此现象，所以也叫作德林杰现象。

太阳上喷发的带电粒子流影响地球磁场。

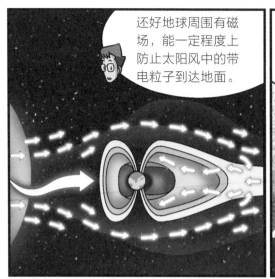

还好地球周围有磁场，能一定程度上防止太阳风中的带电粒子到达地面。

虽说不能完全阻挡，但一部分带电粒子受到磁力作用而偏转向极地。

太阳黑子

电磁波

地球极地

太阳耀斑

嗖嗖

这时极地大气中的粒子，受到太阳风的带电粒子的"轰击"发出光芒，形成极光。

哇哇⌒⌒⌒⌒

哇，好漂亮！

▶ 极地上空的美丽极光

太阳风对地球是一种威胁，但有时也为我们送来了美丽的风景。太阳风中的带电粒子沿着地球磁场沉降，进入地球极地，与大气中粒子发生碰撞，发出美丽的光芒，这就是极光。极光的颜色同黎明时分的天色相近，所以西方人用罗马神话中的黎明女神——"奥罗拉"的名字来称呼它，即"Aurora"。

极光主要发生在极地的超高层大气中。

由于太阳风会给地球造成诸多影响，所以我们通过观察太阳黑子，来对其进行预测。

太阳黑子又是什么？

太阳黑子是太阳表面的黑色斑点区域。

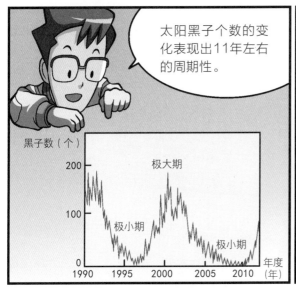

太阳黑子个数的变化表现出11年左右的周期性。

黑子数（个）

200

100

极大期

极小期

极小期

0

1990 1995 2000 2005 2010

年度（年）

由于刚才看到的日珥和耀斑，都主要发生在太阳黑子附近。

所以，太阳黑子的个数增加，发生大爆发的可能性也会相应增加。

也就是说，我们可以通过太阳黑子的个数，来预测太阳风侵袭的强度。

啊哈！果真是学霸，佩服佩服！

太阳原来这么神秘啊！真是不听不知道，一听吓一跳呢。

没想到每天都能看见的太阳，还有这么多的奥秘。

嘿嘿，是吧？你们想不到的还多着呢。

可是太阳黑子为什么看上去是黑色的呢？被打穿了个洞吗？

不是那样的……我也是无语了！

我们肉眼能看到的太阳表面，叫作"光球"，光球的温度大约是6000摄氏度。

而太阳黑子的表面温度大约是4000摄氏度，比周边的温度低，所以发出的光相对较少。

因此相对来说，显得比较暗。

啊哈，也就是说，正因为有了那些学习好的，所以才显得我学习不好。对不对？哈哈，原来我不是不好，而是没别人好呀！

晕，这又是哪儿跟哪儿呀！你考的可是零分啊。

你们都太过分了。拜拜！

说得对，不一样。完全不一样。

52

光球上不光有太阳黑子，还有"米粒组织"。

啊

米粒组织，太阳上不会还长水稻了吧?

怎么可能呀? 只是表面密密麻麻地分布着斑斑点点，看起来就像稻米一样罢了。

啊? 是这样啊。

米粒组织是由于太阳内部的对流现象而产生的。

高温气体上升，显得比较亮；而低温气体下降，则显得相对较暗，于是就产生了这样的纹路。

下降气体　上升气体

光球

核

辐射层

对流层

下面我们再来看看，太阳的表面和内部的构成。

太阳表面是光球层，覆盖在光球层上的大气叫作色球层。日食的时候，看着像粉红色圆环的部分就是色球。

色球上的日冕是最外边的大气层，却是太阳表面最炽热的地方。温度大约能达到100万摄氏度。

色球

日冕

嗨，原以为太阳只是个会发光的恒星，没想到真是别有一番天地呢。

哈哈，不管怎么说，它是太阳系的主人啊。

可不能小看太阳，地球上的所有生命，都离不开太阳光的能量。

昼夜变化、四季交替也是因为太阳，

呼噜……呼噜……

月球的形状变化也是因为太阳。

嘛哩嘛哩哄！变！

包括地球在内的所有行星总是绕着太阳旋转，而不飞往更远的地方，也是因为太阳牵引的力量。

孩子们啊，不能去远的地方，会迷路的。

谢谢你，太阳公公！

这么说的话，还真得好好感谢太阳啊。

嗯嗯，除了刚才差点儿死翘翘……

心有余悸

▶ 太阳的构造

　　我们肉眼能看到的太阳表面，是一个"闪闪发光的圆球"，所以叫光球。光球外边是太阳大气，由色球和日冕组成，由于密度低，因此在地球上很难看到。

　　太阳的内部，也就是光球以下，依次是对流层、辐射层以及位于最中心的日核，此处发生的核聚变反应生成了光和热。

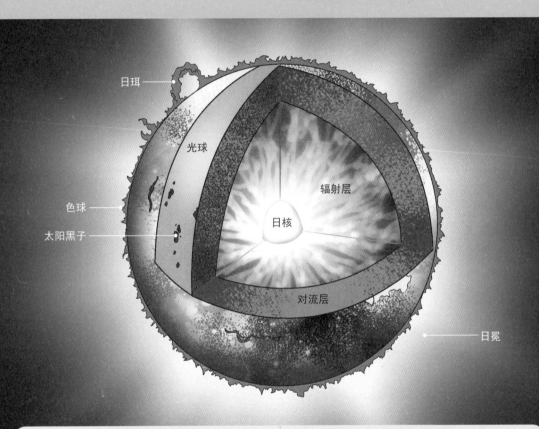

太阳的外部	太阳的内部
光球 光球是我们肉眼所看到的圆形发光体，也就是太阳的表面。 温度大约是6000摄氏度，有太阳黑子和米粒组织。	**日核** 日核是太阳最中心的部分，密度和压力都很大。 温度大约是1500万摄氏度，在这里发生核聚变反应，生成了太阳能。
色球 色球是光球外层约10000千米厚度的大气层，只有在日全食的时候才能观察到。	**辐射层** 辐射层位于核的外层，日核中产生的能量通过这个区域以辐射的方式向外传输。
日冕 日冕是色球外层的大气层，密度很低，厚度从几十万到几百万千米不等。形状大小不定，和色球一样，在日全食的时候才能观察到。	**对流层** 对流层位于辐射层的外层，这个区域高温气体不断上升，以对流的形式在向外传递太阳能。

火星上真的有火星人吗?

哇,好奇怪啊?

怎么啦?大惊小怪的。

不会吧!

我们好像又回到了月球。

吓一跳

嘿,那不是月球。

啪

呃啊!

而是太阳系最小的行星——水星啦。

弱弱地说一句,下次能不能不搞突然袭击。刚才被吓得不轻!

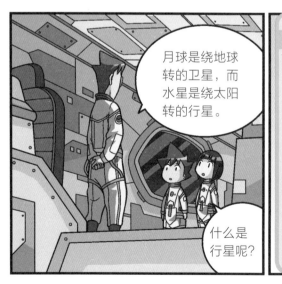

月球是绕地球转的卫星,而水星是绕太阳转的行星。

什么是行星呢?

▶ 行星和卫星

　　像太阳一样能自行发光的天体叫恒星。而本身不能发光,绕恒星旋转的天体就是行星。太阳的行星总共有八个,比如地球、水星,它们全部绕太阳公转。

　　此外,像绕地球转的月球那样,绕行星公转的天体叫卫星。到目前为止,除水星和金星外,其他行星周围均发现有卫星存在。

太阳系中离太阳最近的行星就是水星。

嗬!

地球绕太阳转一圈,我都转了4圈啦!

因为水星离太阳最近,所以公转速度也最快。

因此,西方人用罗马神话中以行动敏捷著称的商业之神——"墨丘利"的名字来称呼它,即Mercury。

我可是以行动敏捷而有名的神呢。

你们看,水星表面也是凹凸不平的呢,感觉和月亮差不多。

水星离太阳最近,由于太阳风的缘故,大部分的大气都飞向了外太空,无影无踪了。

大气都飞走了嘞!

没有大气的保护,水星的表面受到陨石的直接撞击,从而形成了很多的环形山。

哟嗬,这下会惨不忍睹啦!

我们地球有大气层的保护，所以才没有出现很多环形山。

嗯，侵袭失败！

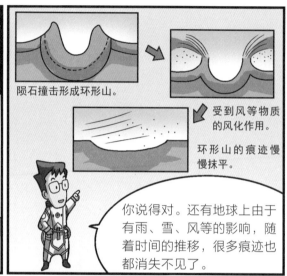

陨石撞击形成环形山。

受到风等物质的风化作用。

环形山的痕迹慢慢抹平。

你说得对。还有地球上由于有雨、雪、风等的影响，随着时间的推移，很多痕迹也都消失不见了。

而且水星没有大气层，昼夜温差也特别大。白天气温可以飙升至400摄氏度以上，而晚上则下降至零下150摄氏度以下。

嗯……好冷！

啊，好烫！

哎呀，比月球的温差还大。

昼夜温差如此之大，所以水星上根本不会有生命体的存在。

看来，地球才是最安全的地方啊！

庆幸

水星太危险，我们就不登陆了，直接向下一个目标进发！

谢天谢地！终于可以不用去了！

喂，这次可要系好安全带。不要像刚才那样，又是大呼小叫的。

▶ 离太阳最近的水星

水星是离太阳最近的行星，也是太阳系中最小的行星。体积略大于月球，主要构成元素是重元素，因此密度较大，仅次于地球。水星没有大气层，表面凹凸不平，布满了由陨石直接撞击形成的环形山。昼夜温差极大。水星绕太阳公转一周大约需要 88 天，但自转速度特别慢，大约需要 59 天。也就是说，水星上一天特别长，而一年特别短。

水星离太阳很近，探测器很难接近它。

好啦，快看，前面就是我们的下一个目的地——金星。

哇，哇，太美了！

在地球上看，金星发出的光非常亮，所以也称之为"启明星"。西方人用罗马神话中象征美的女神——"维纳斯"的名字来称呼它，即"Venus"。

月球和水星上那么多的环形山，金星上看不到，还真有点不适应呢。

金星上也是有环形山的，只不过由于风化作用，那些痕迹留不了多长时间。

可不是吗？难道陨石没有撞击过金星？

咦? 完全看不见啊!

金星被厚厚的大气层包围，所以才看不见的。

金星的大气压可是地球的90倍呢!

90倍!! 吓死人了!

所以说，氧气特别多，生物也就没法生存喽! 我再来一个神推理，嘿嘿!

小子，要是那样就好了，果然是神推理!

金星大气中的96.5%是二氧化碳，完全没有氧气，所以生物也无法生存。

再加上极其厚重的二氧化碳层，所以温室效应比地球更加强烈!

嗯，刚刚好!

地球

不，好热! 受不了!

金星

金星的表面温度足有480摄氏度，太热了，生物完全不能生存。

啊，480摄氏度? 直接变烤肉呀!

船长，弱弱地问一句，您不会想在金星登陆吧？

哼哼，你这是在小看我们奥德赛1号吗？

这点温度还是可以承受的！看好了！

唯唯嗖

不……是……呀……，绝对不是小看呀！

嗨，我们到了，这里就是金星。

我确认一下，我没变成烤肉吗？

怎么会呀？多亏有宇航服，一点都感觉不到热。

可是，我还是觉得心里憋得慌。都说了不要来啦！

船长，这里的天空颜色，的确和月球的、水星的完全不同。

是吧？月球几乎没有大气层，所以可以看到外太空的样子。

61

这里被厚重的二氧化碳云层笼罩，别说星星了，太阳都看不太清楚。

地球灭亡的时候，大概也是这个样子吧。呜呜……

啊，快看那边！

哇，有个环形山。

咦，真的呢！

金星上还是有环形山的，虽然没水星上那么多。

这儿真的是连棵草都没有，在这种地方太无聊了，绝对没法活下去。

啊，金星最有趣的就是，其他行星都是自西向东自转。

而金星却是自东向西自转。

嘿嘿，我特立独行！

所以从金星上看太阳是从西边升起的，怎么样，有意思吧？

没意思吗？好失败呀！

嗯。

▶ 发出金色光芒的金星

　　金星仅次于水星，是离太阳第二近的行星，也是离地球最近的行星。金星的大小和地球相似，表面温度是太阳系所有行星中最高的。金星的大气层是由厚重的二氧化碳云层组成。气压大约是地球的 90 倍，站在金星表面所受到的压力，相当于地球上的大海中1000 米深的地方所受的压力。由于二氧化碳云层会反射太阳光，所以在地球上看，金星发出明亮有致的金黄色光芒，于是它也被赋予"启明星"这般美丽的名字。和地球倾斜的自转轴不同，金星的自转轴几乎是笔直的，所以金星上没有季节的变化。

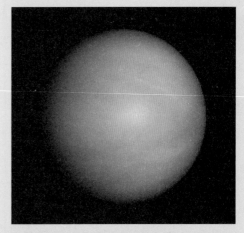

金星厚重的大气层充满二氧化碳。

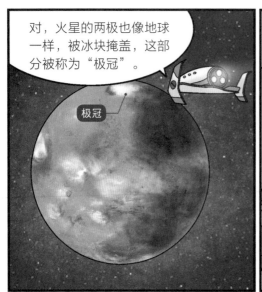

对，火星的两极也像地球一样，被冰块掩盖，这部分被称为"极冠"。

极冠

随着季节的变化，冰块的状态也会发生改变：夏天融化，几乎消失；而到冬天则再次结冰。

朋朋呀！

好像真的和地球一样呢。

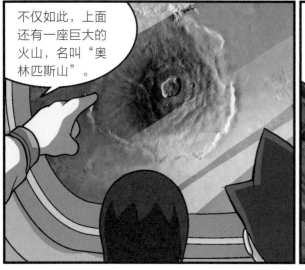

不仅如此，上面还有一座巨大的火山，名叫"奥林匹斯山"。

火星上还有之前水流过的痕迹，所以人们称它为"第二个地球"，也有很多人认为，火星上存在着生命。

▶ 太阳系中最高的奥林匹斯山

　　奥林匹斯山的高度大约27千米，大约是地球上最高山峰珠穆朗玛峰的3倍。科学家们认为，火星上生成如此高的山峰，是由于其地壳运动少。熔岩喷出后，一直在一个地方堆积，最终形成巨大的火山，不过现在其火山活动已经停止，山峰不再增高。

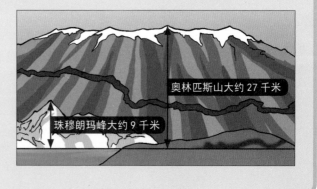

奥林匹斯山大约 27 千米

珠穆朗玛峰大约 9 千米

所以，有很多的电影和小说，都是以火星人为题材的！

我也看过那样的电影。哈哈……

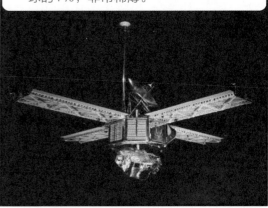

不过，据水手6号火星探测器的勘探结果显示，火星的大气密度大约是地球的1%，非常稀薄。

登陆火星的海盗号无人探测器，也没能找到生命体。

总之，一直到现在，人们也没能发现任何的外星生命。

要是真有外星人的话，那该多有趣！

万一是坏蛋外星人，那可怎么办？

不要担心！我会代表地球人消灭他们的！

咯……快看那儿！

装腔作势！

啊……外星人！

快走开！

一下子扑进女孩怀里！

扑通

原来是看到那个东西吓的呀！很多人看到探测机拍的那张照片，也误以为那块石头是外星人呢。

对……对不起！

喂，现在可以起来了吗？

脸红了！

可是，火星为什么是红色的呢？

还真是挺吓人的

喀喀……

话题倒是转移得挺快。

这是因为覆盖着火星的灰尘中，含有很多铁的成分。

铁生锈会变红，所以火星表面的铁成分氧化后，看起来也是红色的。

▶ 红色灰尘覆盖着的火星

　　火星拥有红色外表是因为其地表富含氧化铁成分。科学家们发现其表面有流水的痕迹，因此认为过去火星有大的湖泊或大海，也可能有生物生存。而现在的火星，却如同一个干燥荒凉的沙漠。火星上的大气非常稀薄，且大部分变成二氧化碳，生命体无法存活。火星有两个卫星，分别叫作"火卫一（Phobos，福波斯）"和"火卫二（Deimos，戴摩斯）"，均取自战神玛尔斯之子的名字。

火星红色的表面。

所以用了"火"这个字，称之为火星。而火星的英语"Mars"，意为"战神玛尔斯"。

目前为止，我们已经认识了水星、金星、火星和地球，这些行星也叫作类地行星，言下之意就是"类似于地球的行星"。

水星　　金星　　　地球　　火星

类地行星中地球最大，往后依次是金星、火星、水星。

哇！地球还是队长呢！

地球　　　　金星　　　火星　　水星

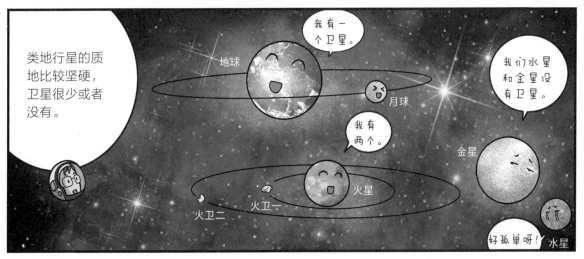

类地行星的质地比较坚硬，卫星很少或者没有。

我有一个卫星。

地球

月球

我有两个。

火卫二　火卫一　火星

我们水星和金星没有卫星。

金星

好孤单呀！　水星

那有没有质地不那么坚硬的行星呢？

嗬！

受到惊吓！

左看看 右看看

不太敢相信自己的眼睛

您这是怎么了？大叔！

这么犀利的问题，竟然从你的嘴里说出来？你真的是我认识的罗云吗？

瞎想

哈哈……

什么呀？ 你们都太坏了！

回答是肯定的，的确存在罗云所说的那种气态行星。

而且比地球要大十倍以上呢。

哇，好想快点去看看！

但是要去那里有点困难。

困难？大叔眼里也有困难？

因为必须穿过太阳系的雷区——小行星带。

咚咚……

走近木星和土星

罗云的日记
昨天，我们穿越了火星和木星之间的小行星带。

出发前，船长还吓唬我们说，小行星带有数百万个小行星挡路。

我还以为小行星带真的是一个雷区呢。

密密麻麻的样子

而实际上，小行星带里面的小行星很少，三三两两的。

就是这些？说好的雷区呢？

嗯……

小行星的数量虽然很多，可是小行星带的面积更大。总而言之，不用担心会撞上。

再近点，再近点！哇！

可是船长说要近距离观察小行星，所以就让宇宙飞船和小行星贴得非常近。

四处游荡的小行星

　　小行星是太阳系内类似行星环绕太阳运动，但体积和质量比行星小得多又比流星大的天体。小行星遍布太阳系，但大部分聚集在火星和木星轨道之间的小行星带。

1801年，首颗小行星被发现并命名为"谷神星（Ceres）"，以后每年都会发现数千颗的小行星。目前还无法准确获知小行星的总数，但据推测可达数百万颗。小行星的形状多种多样，由于引力小而不能像行星一样维持圆鼓鼓的球状。

小行星带位于木星和火星的轨道之间。

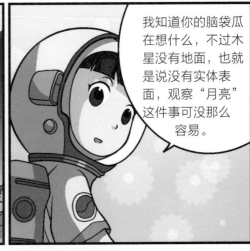

除了中间坚硬的固体核，大部分都是由气体组成的气团。

真是和地球完全不一样啊！

当然啦！完全不一样。

船长，不要这样子好吗？

约会还挺顺利的吧？

约……约会？不是的！

之前我们看过的水星、金星、地球和火星都是类地行星，

而接下来我们将要看到的木星、土星、天王星和海王星呢，则是类木行星。

水星　　金星　　　地球　　火星　　　　木星　　　　土星　　　天王星　海王星

类木行星和类地行星除了球形的形状特征外，其他几乎所有方面都不一样。

嗨，我们不一样哦！

类木行星

类地行星

知道，我们知道！

哈哈，正好都修理完了，所以才来叫你们的呀。

哇，真想快点见到下一个行星！

刚才气氛正好呢……

▶ 行星之王——木星

太阳系最大的行星——木星，是一个主要由氢和氦组成的气态巨行星，直径超过地球的11倍，质量占太阳系行星总质量的三分之二。木星是拥有卫星数量较多的行星，至今为止被发现的卫星超过60个。木星的表面各处都有高速席卷的飓风，其中最大的是"大红斑"，它是相当于地球3倍大小的巨大暴风。木星的自转周期约为10小时，过快的自转导致其赤道部分凸起，这也是类木行星的共同特征。

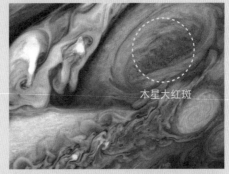

木星大红斑

木星大红斑： 旅行者1号拍摄的木星大红斑。大红斑下面的白色暴风，与地球的大小相似。

木星是太阳系中最大的行星，因此西方人用罗马神话中的主神——"朱庇特"的名字来称呼它，即"Jupiter"。

说起来，还真算得上是行星之王呢！

现在我们要去的土星，是太阳系中第二大的行星。在1610年，伽利略首先发现了土星的光环。

当时，伽利略观测到土星本体旁有奇怪的附属物。

土星是土豪星球的简称吗？还自带了"耳朵"。

土星的耳朵？

伽利略观察土星后，画出来的图形。

哈哈，土豪星球，你还真会联想。到底伽利略看到了什么，才那样说呢？正好快到了，你们自己去看看吧！

哇……

啊！那个像圈一样的东西是什么？

壮观吧！那个就是伽利略称之为耳朵的土星环。

啊哈，看起来像是两边附着的东西，所以才称之为耳朵呀！

哦！耳朵！

好神奇哦！我第一次看见像那样带光环的行星！

木星上也有呢，你没看到吗？

什么？木星上也有光环？

旅行者1号拍摄的木星环。

嗯，虽然有些稀薄，不过木星也是有光环的。

吼吼，忙着约会没看到吧？

都说了不是约会了，真是的！

咚

这两个人好无聊！

与类地行星不同，类木行星全都有光环。除土星之外，其他行星的光环都比较稀薄，看不太清楚。

不过那个光环是用什么做成的？不会真是呼啦圈吧？

呃……无语了！

再靠近点，你就会看到了。

哇，好多石头啊！

嗖嗖

还以为土星的光环只有一个来着呢，靠近一看，还分成好多个呢！

没错，其实土星的光环都是由小冰块组成的。

为什么地球上没有这么好看的光环呢？

这个嘛……光环形成的具体原因目前还没有明确的结论。

不过据推测，由于类木行星质量大，对物体的引力也大，

喂，你给我过来！

我……我吗？

那些不能成为卫星的小型天体，被土星吸引的过程中分崩离析，碎片因为引力的原因不能飞向远处，从而形成了光环。

以后只能和我玩儿哦！

真不该来的……

土星也有很多卫星，到目前为止，被发现的卫星数已达62个，这样来看，刚才的推测还是很有道理的，就是引力的原因。

什么呀！土星的卫星也好多啊！

其中一个叫作"泰坦"（土卫六）的卫星比水星都大。

什么呀，比我都小，还是行星？

泰坦（土卫六） 水星

▶ 太阳系的高颜值行星——土星

土星拥有美丽的光环，其直径是地球的9倍多，但主要由轻的气体组成，因此密度较小，质量也轻。假如有一片足够大的海面，土星都能在上面漂浮。至今为止已经确认的土星的卫星为62个，其中最大的卫星泰坦（土卫六）拥有浓厚的大气，且大气的主要成分是氮气，它上面的刮风下雨等气象现象也和地球相似，所以科学家们认为，土卫六中生命体存在的可能性很高。

土星环主要由不计其数的各种颗粒组成，其直径大小从几微米到几米都有。

以前人们对太阳系行星的了解，只到了土星。

为什么呢？

除了水星、金星、火星、木星、土星以外，

别的行星都太远了，在地球上看不到。

所以一星期也只有7天呀。

一星期？

船长大叔，星期和行星有什么关系呢？

来，我们看看日历。"火水木金土"指的就是行星啊。

那么星期一和星期天呢？

星期一（月曜日）的月是月亮的意思，星期天（日曜日）的日是太阳的意思。因为当时人们认为宇宙中只有7个行星，所以一星期才会只有7天呀。

月球　水星　火星　土星　地球　金星　太阳　木星

那时候人们还以为，太阳和所有的行星都绕着地球转呢。

假如在地球上还能看到更多的行星的话，那么我们现在的一周就不是7天，说不定会是9天呢！

就是说，月火水木金土日日日？

醒醒吧！

日历中还藏着行星的奥秘，很神奇吧？

嗯！太神奇了！

79

向着太阳系最远的海王星进发!

咦，那是什么?

看见什么啦?

我说那个行星呀，自转轴斜了。

怎么又用词不当? 不是说了吗? 行星的自转轴本来就是倾斜的!

话虽这么说，可是……这也……太斜了吧。感觉像是横躺着一样。

哎呀，真的呢! 不可能啊。

嘿嘿，可能的。

嗯?

船长!

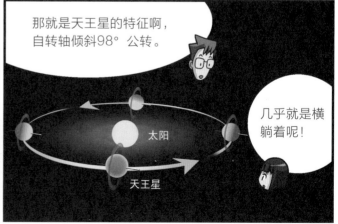

那就是天王星的特征啊，自转轴倾斜98° 公转。

太阳

天王星

几乎就是横躺着呢!

80

这样躺着自转的还是第一次见呢。

唰

这在太阳系行星中也是独一无二的。

那也有点奇怪……真的是行星吗?

当然是啊,除了自转轴以外,其他的都符合类木行星的特征。

比如说……

首先天王星的直径是地球的4倍。

看来地球还真是小呢。

而且像木星和土星那样,带有光环。

土星

天王星

木星

怎么样?我们的光环很漂亮吧!

真的和木星、土星的特征差不多呢!

天王星拥有27个卫星。

是吧!甚至连主要组成成分也差不多呢,天王星也是由氢、氦等轻元素构成的。

81

因为距离地球太远，肉眼看不见啊！

那为什么以前没有发现天王星呢？

天王星到地球的距离，大约是地球到太阳距离的19倍。

太阳到地球的距离大约是1.5亿千米，而太阳到天王星之间的距离足足有28.8亿千米呢。

啊！我们是飞了那么远才过来的吗？

完了……我们还能回家吗？

所以直到1781年，天文学家赫歇尔才第一次用望远镜发现了天王星，之前谁也不知道它的存在。

哦，那个是……

天王星离太阳很远，绕太阳转一圈儿需要84年之久。

啊？该不会我们回个家也需要84年吧！

不要担心，罗云同志，有本船长在，就不会有任何问题的。

我怎么有一种不能相信船长的感觉……

▶ 躺着转的行星——天王星

　　天王星是太阳系第三大行星，在地球上无法用肉眼看到，直到使用望远镜观察才首次被发现。天王星英文名是"Uranus"，来自罗马神话中的天空之神乌拉诺斯。与其他行星不同的是，天王星的自转轴和公转轨道几乎是平行的。究其原因，可能是天王星在形成的时候发生了巨大的撞击。天王星大气中的甲烷成分能够反射阳光，而呈现出漂亮的蓝色。另外，天王星到太阳的距离是太阳到地球距离的 19 倍，所以天王星几乎接收不到太阳热量，因而非常寒冷而且黑暗。天王星由于距离地球太远，所以即使用高性能望远镜也很难观测到，直到1986 年旅行者 2 号首次抵达后，才得以揭开天王星的"庐山真面目"。

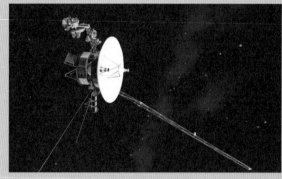

美国的太阳系探测器——旅行者2号。

当年旅行者2号从地球飞到天王星花了10年，

想想现在进行太空旅行，真是很便利啊。

可是我总觉得实在是太远了。回不去怎么办？

现在就只剩最后一个行星了，加油吧！

最后的行星？

现在向着太阳系最后的行星——海王星进发！

哇啊啊啊啊啊

快看，海王星在那里啊！

海王星和天王星相似，就像一对双胞胎。

嗯……颜色真的和天王星很像呀！

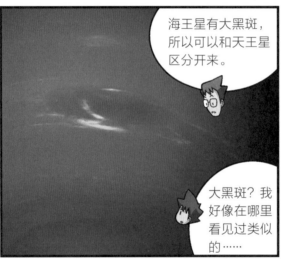

海王星有大黑斑，所以可以和天王星区分开来。

大黑斑？我好像在哪里看见过类似的……

啊！对了！在木星上也有类似的东西，是吧？

哎哟，真不赖！木星上的是红色的，所以叫大红斑。

嗬！记忆力相当好啊！刮目相看呀！

哎呀，这点算什么……毛毛雨啦！

嘿嘿，要不题目就叫"记忆力天才的宇宙旅行"，哎哟，不错嘛！

他在说什么？真是给点阳光就灿烂。

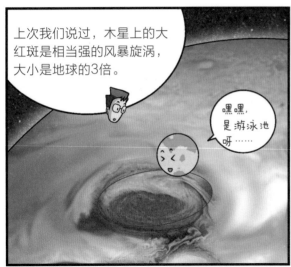

上次我们说过，木星上的大红斑是相当强的风暴旋涡，大小是地球的3倍。

嘿嘿，是游泳池呀……

大黑斑1665年首次被发现后，一直到现在依然保持着相同的状态呢。

风暴能够持续数百年？那真的是很强的风暴啊！

海王星的大黑斑和木星上的大红斑一样，也是个巨大风暴旋涡。

不过不同的是，大黑斑可能只是大气层中较薄的部分，就像地球上的臭氧空洞。

啊？因为薄，所以看起来像洞一样，对吗？

十分正确！为你点个赞！

▶ 蓝色的行星——海王星

　　海王星是太阳系最外围的行星，由于它那荧荧的淡蓝色光，所以西方人用罗马神话中的海神——"尼普顿"的名字来称呼它。不过它的蓝色和大海没有关系，而是因为大气。海王星的大气是由氢、氦和甲烷等组成，具体来说是甲烷使其呈现出蓝色。海王星是科学家们研究天王星轨道时意外发现的行星。当时，科学家们发现天王星没有出现在预测的公转轨道上，进而认为是有其他行星的引力扰动天王星的轨道，于是经过计算推测出该行星可能的位置，最终发现了海王星。

旅行者2号拍摄的海王星。

最后，让我们一起去看看冥王星吧，这颗曾经的太阳系行星。

刚才您也明明说了是最后的。

我就觉得你不靠谱吧。

海王星是最远的行星……

冥王星原来是太阳系第九大行星，但在2006年失去了行星的资格。

因为又发现了很多和冥王星差不多大小的天体，比如说阅神星。

太阳　水星 金星 地球 火星　　木星　　土星　　天王星 海王星 冥王星　　阅神星

这给科学家们带来不少的麻烦。

为什么呢？

阅神星和冥王星不仅大小差不多，而且它们各自的卫星也很相似。如果冥王星算作行星的话，那么阅神星也应该被认为是行星。

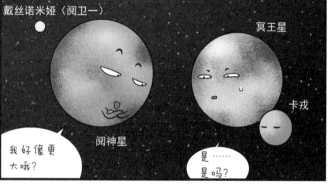

戴丝诺米娅（阅卫一）

冥王星

卡戎

阅神星

我好像更大哦？

是……是吗？

不仅如此，在海王星外侧不断地发现了和阋神星相似的天体，所以问题变得更复杂了。

阋神星
（2005 年被发现）

我也是行星！

妊神星
（2004 年被发现）

把我也加进去！

那我也是！

鸟神星
（2005 年被发现）

赛德娜 90377
（2003 年被发现）

那我呢？

这样下去，行星会不断地增加。

嗯，课本也会变得越来越厚。

呃，这可绝对不行！

所以，在2006年，众多天文学家聚集在一起，召开了国际天文学联合大会。

冥王星在过去的76年间一直都是太阳系的行星，难道现在说改就改吗？

经过那次会议激烈的讨论后，

这样下去，行星不断地增加，你来负责任吗？

最后决定将冥王星从行星之列中除名。

呜呜……

走好！

自那时起，制定了太阳系行星的新标准。

1. 围绕太阳公转。
2. 有足够大的质量使自身因为重力而成为圆球体。
3. 在环绕太阳的轨道上不受其他天体的影响。

冥王星围着太阳公转，同时也是圆球体，

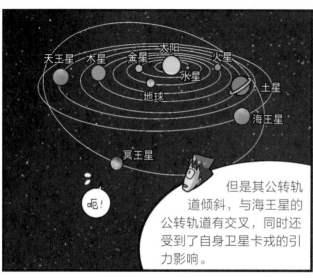

天王星　木星　金星　太阳　火星
水星
地球
土星
海王星
冥王星

呃！

但是其公转轨道倾斜，与海王星的公转轨道有交叉，同时还受到了自身卫星卡戎的引力影响。

这样，冥王星就不满足第三个条件，所以才被淘汰。

在这个地方我是唯一的行星！

冥王星

海王星

呜呜……

冥王星也被改名为"134340 Pluto（布鲁托）"，属于矮行星这一新类别。

你的新名字！

134340 Pluto。

而制造冥王星混乱的阋神星和谷神星等也被视为矮行星。

都怪你们，害我被行星赶出来了！

阋神星　谷神星

原先确定的科学定义，说变就变了啊！

咦？我还以为科学是永恒不变的呢！

科学就是不断地怀疑，同时探求真理的呀。固守成见可不是正确的态度啊！

▶ 被驱逐出行星序列的冥王星

2006 年之前太阳系总共有九大行星，而冥王星和其他行星有很多不同点，因此在关于是否将它看作是行星这一个问题上，大家不能达成共识。冥王星的质量只有月球的六分之一，表面由甲烷冰块组成，既不属于由岩石组成的类地行星，也不属于由气体组成的类木行星，而且和其他行星不同的是，它的公转轨道是椭圆形的。再加上随着比冥王星更大的小行星不断被发现，这些小行星的归属是否也需要像冥王星一样被认为是行星也成为一个问题。最终在 2006 年，冥王星被划为矮行星，自行星之列除名。

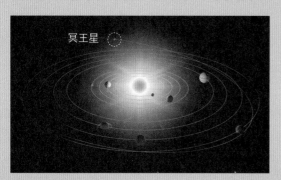

冥王星的公转轨道
和其他行星几乎都在同一轨道面公转不同，冥王星的公转轨道有一个大约 17° 的斜角，还有一段和海王星的轨道交叉。

冥王星和卡戎
冥王星的卫星卡戎和一般卫星不同，其大小和冥王星差不多。最新研究发现，卡戎不是绕冥王星转，而是两者相互守望，各自旋转，不离不弃。

最后回顾一下，我们看过的行星吧。太阳系有哪些行星呢？

一共有八个……水星、金星、地球、火星、木星、土星、天王星，还有海王星！

完全正确。其中水星、金星、地球、火星是类地行星，而木星、土星、天王星、海王星是类木行星。

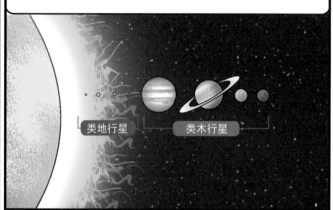

类地行星　　类木行星

▶ 类地行星和类木行星有什么不同呢？

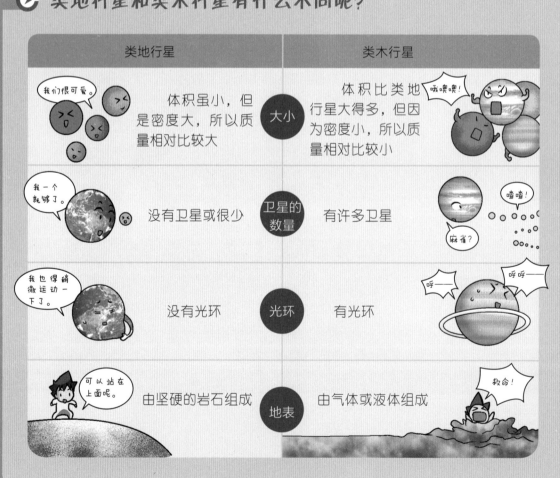

类地行星		类木行星
我们很可爱。 体积虽小，但是密度大，所以质量相对比较大	大小	体积比类地行星大得多，但因为密度小，所以质量相对比较小 哦噢噢！
我一个就够了。 没有卫星或很少	卫星的数量	有许多卫星 喳喳！ 麻雀？
我也得稍微运动一下了。 没有光环	光环	有光环 呼呼— 呼呼—
可以站在上面呢。 由坚硬的岩石组成	地表	由气体或液体组成 救命！

火星和木星之间的小行星带，也充当类地行星和类木行星的分界线的作用。

小行星带

另外，在海王星轨道外，还有一块叫作"柯伊伯带"的区域。

那是什么地方？

柯伊伯带？

柯伊伯带就是太阳系的边缘，

各种天体像面包圈一样在此聚集。

小子，看来你对柯伊柏带很感兴趣呀！

啊？不……不是那个意思……

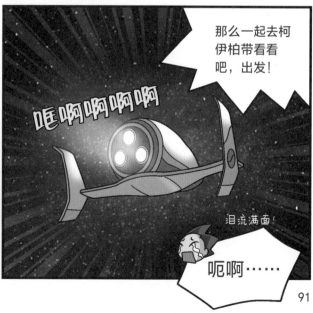

那么一起去柯伊柏带看看吧，出发！

哐啊啊啊啊

泪流满面！

呃啊……

91

彗星的故乡——柯伊伯带

罗云，你见过彗星吗？

彗星？

我想……我想……哦，我想起来了，我见过！

一场全国范围的"太空秀"——流星雨今晚即将上演。

我狂奔到学校操场上，当时被从天而降的流星雨震惊到了！

好壮观啊！

看来梦想还是要有，万一实现了呢！

那时看到壮观的流星之后，就梦想着能去宇宙旅行……

嗯……可是你看到的是流星，难道你认为流星就是彗星吗？

尾……尾巴呀，都拖着尾巴，还不一样？

嗯？

我看彗星的照片，上面也拖着长长的尾巴……

有尾巴的也不全都是彗星呀，臭小子。

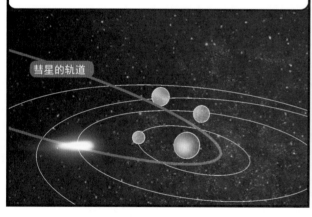

彗星是绕着太阳运行的天体，由冰和尘埃组成。

彗星的轨道

流星是太空中漂浮的岩石碎片进入地球大气层后，与空气摩擦而燃烧发光的现象。

嗯？那如果彗星进入地球的话，是不是就变成了流星？

美琪，你真是美貌与智慧并存呀！万一彗星进入地球大气层，自然会变成流星，不过流星体大部分都是从彗星掉下来的碎片。

落下来喽！

哇哈！

海王星外围的"柯伊伯带"聚集着很多天体，

这些天体也以太阳为中心进行公转。

当然彗星也是其中之一。

哇！在这么远的地方，还能绕太阳公转呀……

惊讶！

哇！彗星进行的可真是超远距离旅行啊！

不同彗星的轨道。

彗星中有的公转比较有规律，也有很多会变换轨道。

公转的过程中遇到一些像木星般巨大的行星，就会被其牵引住，使得轨道发生变化。

到这儿来！

什么？我吗？

▶ 每76年来访一次的哈雷彗星

　　1705 年，英国天文学家爱德蒙·哈雷分析了过去关于彗星的记录，发现在 1456 年、1531 年、1607 年、1682 年出现的彗星轨道看起来如出一辙。于是哈雷大胆认为，这些彗星都是同一颗彗星，大约以 76 年为周期经过地球附近，并且预测这颗彗星会在 1758 年再次出现。到了 1758 年，这颗彗星果真再次出现，哈雷的预测应验了。后人为了纪念他，将这颗彗星命名为"哈雷彗星"。哈雷彗星最近一次出现是在 1986 年，而下一次将会在 2061 年出现。

1986年3月8日拍摄的哈雷彗星。

不过，以前的人们认为彗星是不祥之兆。

为什么呢？

以前人们认为宇宙永远都不会变化。

所以突如其来的彗星，被认为是侵入宇宙的不速之客，因此人们猜测它的出现会打破宇宙的平衡，从而遇到洪灾或荒年等不吉利的事情。

嗬，星星它拖着尾巴在动！

头次见彗星吗？

谁说不吉利啊！

吧啊啊！

甚至在1910年哈雷彗星出现时，还传闻说彗星尾巴有毒气，于是人们都争抢着买防毒面具呢。

啊

真的吗？

吓了一跳！

疑惑！

科学原来如此重要啊！

所以才需要科学，这样才能理解我们周边环境究竟是什么样子的呀。

小子，现在知道科学有多么重要了吧！好，我们现在继续前进！

好吧！虽然我还是有一点害怕……

▶ 流星和陨石

▶ 流星坠落到地面？

　　流星是由一些小岩石或来自太空中的颗粒物，受到地球引力而进入地球大气层，并与大气摩擦燃烧时迸发出美丽光迹的现象。流星的大小不一，其直径可以小到不足 1 毫米，类似一粒灰尘，也可以大到 20 千米以上。大部分流星在大气层就全部燃尽，而不会落到地面。不过偶尔也有流星在大气中并未完全烧尽，从而坠落在地表。这样坠落的石块被称为陨石，因为从高空以超快的速度坠落并撞击地面，通常会形成一个巨大的坑。目前为止所发现的陨石坑中，最大的是位于美国亚利桑那州的陨石坑，直径约为 1.2 千米，深度约为 200 米。

韩国晋州发现的陨石

2014年3月9日，韩国全国范围内都有目击到流星，最终在庆尚南道晋州市发现了4个陨石。

美国亚利桑那州的陨石坑

1871年发现的巨大陨石坑，据推测，距今约有2万年到5万年的历史。

▶ 流星像雨一样坠落，形成流星雨

　　很多流星短时间内同时坠落，就像在下雨一样，这种现象叫作流星雨。此时所有流星仿佛从天空同一点散开，这一点就称为辐射点。人们根据辐射点所在星座的位置，来给流星雨命名。比如，11月的狮子座流星雨，是因为辐射点在狮子座附近而得名。适于人们观赏的流星雨有狮子座流星雨、英仙座流星雨、双子座流星雨、水瓶座流星雨、天琴座流星雨、象限仪座流星雨等八个。

双子座流星雨

每年12月的双子座流星雨，12月12日到14日为极大期，可以很容易观察到。

太阳系是怎样诞生的呢？

不看不知道，一看吓一跳！没想到太阳系中竟然有这么多天体啊！

是啊，除了太阳、月亮和行星，还有这么多其他种类的天体。

是吧？

太阳系以太阳为中心，集合了行星、卫星、小行星、矮行星，彗星等各种天体。

船长先生，那哪儿才算是太阳系的尽头呢？

是刚刚看到的柯伊伯带吧？

这次我应该说对了吧。

有些科学家认为，我们刚刚看到的柯伊伯带就是太阳系的边界。

也有些科学家认为，太阳系的边界应该划到柯伊伯带外围的"奥尔特云"为止。

奥尔特云

柯伊伯带

你们能想象太阳系的大小了吗？

这……这个嘛，太超乎我的想象了。

目前为止还尚未实际观测过，不过据推测太阳系的范围可以一直延伸到太阳到地球距离（日地距离）10万倍左右的地方。

太阳　水星　金星　地球火星　　木星　土星　　海王星　　　　　　　　　　　奥尔特云
　　　　　　　　　　1　　　　　　10　天王星　　　　100　　　　1000　　　10000　　　100000

哇——
10 万倍?

原来以为地球到太阳的距离就已经好远了……

跟太阳系的大小比起来，简直就是九牛一毛啊！

是啊，我们眼睛看不到所以很难想象，但是太阳系真的是非常非常大。

不过，如此巨大的太阳系，据说最先起源于一团尘埃。

尘埃？

真的只是尘埃？

我房间里有很多啊……

噗噗~

啧啧，神一般的想象力！

呃，跟那种灰尘可不一样……

飘浮在宇宙的气体或尘埃等互相吸积形成的云状天体，叫作星云。

哇，星云真的好美啊。

就像尘埃久而久之就会成团那样……

嗬，慢慢变大啦。

快沾到我身上来！

是！

星云也是逐渐聚集成团，然后慢慢变大，同时温度也升得非常高。

聚集吧！

之后星云逐渐冷却塌缩，快速旋转形成一个扁平的圆盘模样。

哎哟，好晕啊。

这个巨大圆盘的中心处形成了太阳。

而在太阳形成的过程中产生的气体和尘埃团，则各自聚集从而形成了行星。

太阳系的形成过程

关于距今约 46 亿年前太阳系诞生的理论层出不穷，其中起源于气体和尘埃团的理论最为可信。气体和尘埃团聚集形成一个圆盘形状，在其中心处发生核聚变反应从而形成了太阳，余下的部分形成了行星、卫星等。

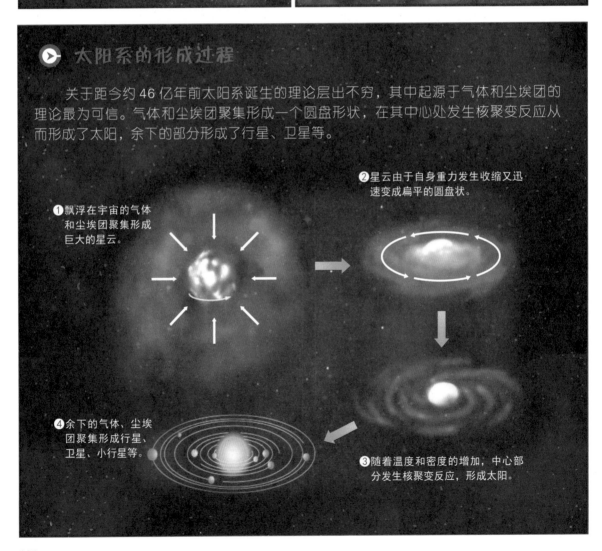

❷星云由于自身重力发生收缩又迅速变成扁平的圆盘状。

❶飘浮在宇宙的气体和尘埃团聚集形成巨大的星云。

❹余下的气体、尘埃团聚集形成行星、卫星、小行星等。

❸随着温度和密度的增加，中心部分发生核聚变反应，形成太阳。

太阳生成后，较轻的气体被太阳风推至很远的地方形成了类木行星，

较重的物质则留在太阳附近，逐渐形成类地行星。

呃啊啊——坚持不住啦！

还受得住。

呼呼——

类地行星

类木行星

哈哈，类木行星离太阳远，原来是有原因的啊。

嗯，宇宙万物皆有缘由啊！

所以说，是科学为我们揭示了其中的缘由，对吧？

罗云小朋友，真是得对你刮目相看了啊！

嗨，不会是脑袋一时发热想出来的吧？

嘿，能不能好好说话！

那么现在让我们飞越太阳系，一起出发去探寻银河系的秘密，好不好？

好！出发——

02

恒　星

　　我们所生活的太阳系不过是宇宙的一小部分。太阳是太阳系中唯一能自行发光的恒星，而宇宙中的恒星不计其数。恒星也像人一样诞生、成长、消亡，而一颗恒星的消亡却是另一颗恒星诞生的开始。下面一起来了解一下恒星神秘的一生吧！

宇宙中有多少颗星星呢？

小朋友们，稍后将开启曲速航行模式，请在座位上坐好，并系好安全带！

嗯？

嗖——

船长，什么是曲速航行啊？

就是一种利用时间和空间的扭曲，提高飞船航行速度的技术。

根据爱因斯坦的相对论，没有任何物体的速度能够超过光速，

但是在1994年，有人提出利用扭曲宇宙飞船周围的时空，来获得比光更快的速度……

反正就是说非常快的速度吧？

可是为什么要突然提速呢？我们先前不是好好的吗？

因为即便是离太阳系最近的星星，也是相隔非常远的。

有多远啊？

离太阳差不多有40万亿千米。

啊——

啊啊啊啊

让我想想，从首尔到釜山是400千米……

那就是首尔釜山往返1000亿次的总距离啊！

呼咻，呼咻！

大叔，那么远啊，真的要去吗？

死之前可以回来吧？

呵呵呵，也只不过才4.3光年而已。

光年又是什么啊？

光年指的是光在真空中一年行走的距离。

光走一年！

光行走一年的距离？

光一秒大约行走30万千米。

一年是365天×24小时×60分×60秒，再乘以30万千米的话……

大约是94600亿千米。

砰

哇！真是无法想象啊！

天文学上的距离单位

　　宇宙浩瀚无边，很难用千米为单位去计量天体之间的距离，所以天文单位 AU 和光年这种新单位应运而生。天文单位（AU）是指太阳和地球之间的距离，约有 1.5 亿千米；1 光年是指光 1 年间行走的距离，约 94600 亿千米。

天文单位（Au, Astronomical Unit）
- 从太阳到火星 1.5AU
- 从太阳到木星 5.2AU

└ 太阳和地球之间的距离1AU

星球的距离 光年（Light Year）
- 1光年：约94600亿千米

啊，吓死我了！这段距离光也要跑4年多吗？

嗯，对呀！

真担心！我们上初中前能到达吗？

完全不用担心。我们乘坐的是奥德赛1号呢

是世界上率先使用曲速引擎……

太棒啦！那么，马上出发吧！

星星真的比我们想象中的要远得多啊！

当然也有离地球很近的星星。

我们每天都能看到它……

哈哈，知道了。是太阳吗？

叮咚——回答正确！加十分！

在天文学中，把像太阳那样能够自行发光的星体称为恒星，也就是通常意义上的星星。

美琪，你把我弄糊涂了。太阳也是星星吗？

人们通常认为，只有在夜空中发光的星体才算是星星，

实际上太阳才是离我们最近的星星。

那其他的恒星也像太阳一样很大吗？

比太阳大的恒星不计其数。只不过因为太阳距离地球最近，所以太阳才看起来最大。

真的还有比太阳还大的恒星吗？太不可思议了！

天狼星

太阳

夜空中最亮的天狼星，它的主星的直径是太阳的1.7倍。

而北河三的直径是太阳的8倍，毕宿五则是太阳的44倍。

吼吼，好可爱！

天狼星　北河三　毕宿五

太阳的直径是地球的109倍，那么……

参宿四

吼!

还有参宿四的直径是太阳的900倍。

900倍? 是吓我吗? 我可不是吓大的!

盾牌座 UY

嚇!

我最大!

距离地球9500光年的盾牌座UY，它的直径是太阳的1700倍。

咚

啊

脑子乱成一团了!

⏵ 恒星的大小比较

分类	是太阳的倍数
天狼星A	约1.7倍
织女星	约3倍
北河三	约8倍
大角星	约26倍
毕宿五	约44倍
参宿七	约60倍
天津四	约220倍
手枪星	约320倍
心宿二	约700倍
参宿四	约900倍
造父四	约1420倍
仙王座354	约1500倍
盾牌座UY	约1700倍

哇，真是大得超乎想象啊!

当然除此之外，比太阳大的恒星数不胜数。

那太阳是最小的恒星吗？

也有比太阳小的恒星，不过在整个宇宙中，太阳还算是偏小的。

太阳还算是偏小的吗？

船长，那太阳的温度也比其他恒星低吗？

太阳表面温度约6000摄氏度。

有的恒星表面温度超过30000摄氏度。

哎哟，真热！

啊，那比太阳热5倍啊。想想就想到了烤煳了的烤肉串，哈哈……

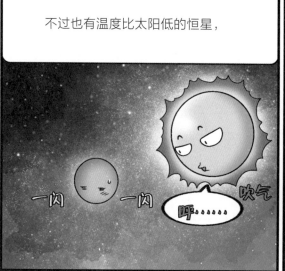

不过也有温度比太阳低的恒星，

一闪

一闪

呼……

吹气

从整个宇宙来看，无论是温度还是大小，太阳大约都低于平均水平。

真是太神奇了！

您是说太阳还不到平均水平吗？

▶ 浩瀚宇宙，星星无数！

在夜空中，仅凭肉眼就能捕捉到的星星大约有6000颗，但这与宇宙中的恒星总数相比，不过九牛一毛。我们太阳系所在的银河系就有2千亿颗，而据推测，整个宇宙约有数千亿个银河系。所以说，宇宙中的恒星不计其数，不过恒星总是在不断地生成，且不断地消亡，所以恒星的总数一直是变化的。

布满夜空的星星。

船长，那恒星的温度越高，它也就越亮吗？
是的，因为恒星温度越高，发光就越多，所以会更亮。
还有恒星质量越大，温度也越高。
恒星的寿命从它诞生起就由其质量所决定。研究表明，恒星的质量越大，亮度越高，而寿命却越短。
哇……
哇……
婴儿般大哭！
您是说恒星的诞生吗？
那么所有的恒星也像太阳一样，是由星云演变而成的吗？
哇，罗云棒棒哒！当然是哦。
不多说了，我们现在就向着星云进发！
准备好了吗？
突～
嗡嗡嗡
哗啊啊啊啊！
呃啊啊啊

多姿多彩的恒星

恒星颜色多样的原因

恒星之所以会发光发亮，是因为它高温发热。恒星的温度不同，其所发光的波长就不同，所呈现的颜色也不一样。表面温度越高，就越倾向于蓝色，表面温度越低，就越接近于红色。太阳表面温度约为 6000 摄氏度，属于发黄光的恒星。假设太阳表面温度比现在高很多，那我们可能就会看到白色或黄色的太阳。

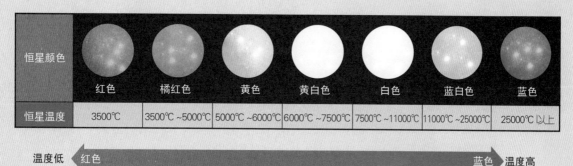

恒星颜色	红色	橘红色	黄色	黄白色	白色	蓝白色	蓝色
恒星温度	3500℃	3500℃~5000℃	5000℃~6000℃	6000℃~7500℃	7500℃~11000℃	11000℃~25000℃	25000℃ 以上

温度低　←　红色　　　　　　　　　　　　　　　蓝色　→　温度高

恒星的颜色和年龄

恒星的颜色反映了它的年龄，越接近于蓝色的恒星越年轻。而随着年龄的增长，恒星就越倾向于红色。如果把太阳当作人来看的话，它还处在青壮年时期。不过，太阳中的核聚变反应持续进行而耗尽氢原子时，它就会膨胀 100 多倍，并最终变成红色。这种红色的巨大恒星叫作"红巨星"。红巨星在恒星的一生中，属于老年阶段，它的体积非常巨大，且温度也最低。

昴宿星团
诞生于约1亿年前，很多恒星发出炽热又耀眼的蓝色光芒，在夜空中显得尤为光彩夺目。

参宿四
处于猎户座的红超巨星，表面温度低至3500摄氏度左右，闪烁着明显的红光。

111

揭开星云的神秘面纱

嘿嘿……

看，那边，有一个马头！

啊，那个叫马头星云，是暗星云的一种。

暗星云？暗星云又是什么东西？

还记得吗？上次我们说过，星云是由宇宙中的尘埃和气体聚集结合成的云团。

哦，我记得！

就如云层会遮住太阳一样，星云是由宇宙中的尘埃和气体聚集结合成的云团。

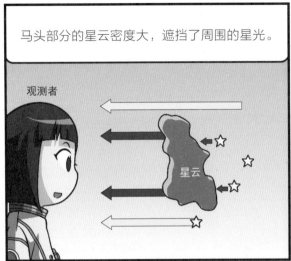

马头部分的星云密度大，遮挡了周围的星光。

观测者

星云

遮挡星光的那部分看起来黑漆漆的，所以就叫作暗星云。

黑漆漆的样子，

总感觉有点阴森森的。

还有一种星云反射周围的星光而显得明亮，这种叫作反射星云。

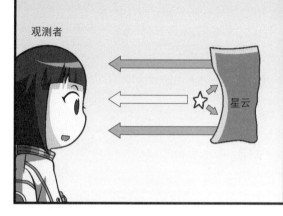

观测者

星云

反射星云的光主要呈蓝色，你看那边蓝色的雾状物就是反射星云。

反射星云的光是蓝色……

还有一种发射星云，它是由于形成星云物质的能量太高，而可以自行发光的星云。

猎户座星云就是最具代表性的发射星云。

还有玫瑰星云也是发射星云。

为什么反射星云是蓝色的，而发射星云是红色的呢？

发射星云

反射星云

那是因为构成反射星云的粒子能够散射蓝色光，所以看起来是蓝色的。

白天的天空之所以是蓝色，也是因为空气中的粒子能够更多地散射阳光中的蓝色光。

啊哈！原来是这样。

而发射星云发出的光来自受热的气体，其中红色最强烈，所以呈红色。

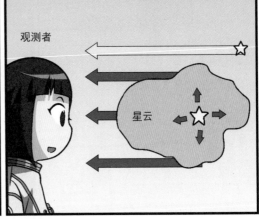

▶ 宇宙的水彩画——星云

　　星云，并非字面上所指的"星星聚集成云"，而是由宇宙空间中的气体和尘埃等聚集而成的云雾状天体。这种气体或尘埃也并非我们日常生活中所说的"灰尘"，而是指宇宙中的氢分子或氢原子所构成的物质。星云分为暗星云、反射星云和发射星云。暗星云中聚集了大量不透明的尘埃，从而阻断了其后面的星光。倘若暗星云不处于恒星和观测者之间的位置，而是位于恒星的后面，它就能反射星光而成为明亮的反射星云。发射星云中气体成分很多，这些气体吸收星光再次发光，所以看起来很亮。

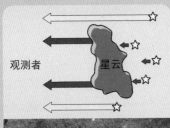

暗星云——煤袋星云
尘埃遮挡了背后的星光，而成为暗星云。

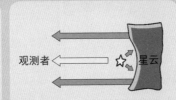

反射星云——女巫星云
尘埃反射星光，而成为反射星云。

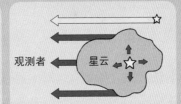

发射星云——卡利纳星云
（船底座星云）
尘埃吸收星光后再次发光，而成为发射星云。

115

星云的种类好多啊！

没错，星云还能以不同的形状来分类。

哇，长得好像甜甜圈！

看起来好好吃……

哈哈，对着甜甜圈流口水啦？它叫作环状星云。

由于中心和边缘有强光，所以中间看起来像是空的。

啊，真的是那样呢！

还要看别的星云吗？

这是行星状星云……

哔

砰

啊！好像什么东西爆炸了！

在中间爆炸的就是恒星。

您是说恒星爆炸了？

疑惑！

之前我说过，恒星诞生于星云，对吧？

是的。多谢您为我们解释！

▶ 恒星的死亡

从星云中诞生的恒星，也像人一样成长、衰老，最后则是死亡。恒星的内部不间断地发生核聚变反应，发出光和热，直到核聚变反应燃料——氢和氦全部用尽，然后恒星温度下降，并急剧膨胀。而后，由于无法承受自身的重量而形成大爆炸，一次性释放大量的光和热，与此同时，恒星也迎来了死亡。恒星爆炸释放出的物质，会再次回到宇宙空间中，成为构成星云的物质。

恒星也像人一样，会经历出生、成长、衰老直至死亡这样一个过程。

真的吗？第一次听说呀！

爸爸！

恒星的寿命从数十万年到数百亿年不等。

所以恒星的死亡，也不是经常能观察到的。

太阳也会在50亿年左右后，

逐步膨胀，成为一颗红巨星。

▶ 巨大的红色恒星——红巨星

恒星内部的氢全部用尽，通过氦发光发热，同时逐渐膨胀，此时的恒星叫作红巨星。红巨星表面温度下降而呈红色，当所有的氦都被用尽，就会发生大爆炸。这也宣告了该恒星的死亡。

红巨星
直径是太阳的数十倍，温度低。

太阳如果变成红巨星，会比现在大100倍以上。

100 倍吗？

那地球咋办？

嗨！

走开，离我远点！

或许会大到火星附近。

热死了！

别靠太近！

呜呜……地球灭亡了！

别太担心。

这是50亿年后的事了。

可还是觉得心里不舒服呀！

呜呜……

如果真变得那么大，太阳的引力无法"抓牢"表面物质。

嗞嗞

嗞嗞

外层物质散逸，

而这些物质就会变成行星状星云。

所以就成了像星星那样圆球状的星云。

外层逐渐散逸后，太阳渐渐变小，而成为跟地球一般大的小星球。

这就叫作白矮星。

咦，想当年……

白矮星

太阳的一生

太阳形成于大约 46 亿年前，而再往后 50 亿年左右，它将耗尽储存在日核里的氢，而变成红巨星。此时，核区的氦开始消耗，整个太阳还能发出一定的光和热。直到氦也用尽，就会形成大爆炸，最后只剩下日核而成为一颗白矮星。太阳的一生也就此终结。

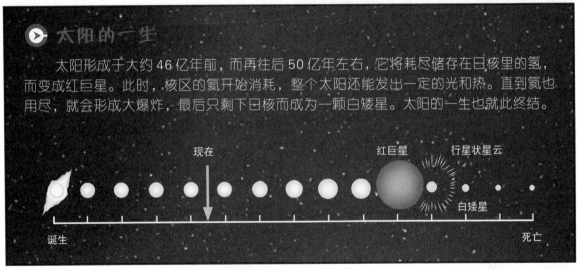

现在

红巨星

行星状星云

白矮星

诞生

死亡

太阳也像人一样，也会出生、衰老和死亡。

嗯，没错哦！

不过恒星大爆炸的同时，所释放出的物质最终还是会形成星云，而恒星在星云中再次诞生。

所以恒星的死亡不是结束，应该算是新的开始。

哇，好酷！看来我的担心真是太多余了！

119

恒星的一生

　　恒星死亡的方式取决于恒星的质量。小的恒星安静地衰亡消失，而大点的恒星则爆炸后消失。比太阳更大的恒星，会发生大爆炸并释放大量的能量，还会形成可怕的黑洞。

恒星的诞生
在宇宙尘埃聚集的星云中，其他的恒星爆炸释放出的物质为新恒星诞生提供物质基础。

质量较小的恒星
质量不足太阳的8倍，慢慢消耗氢并发光。

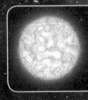

质量较大的恒星
质量大于太阳的8倍，快速消耗氢并发光发热。

红巨星
内部的氢全部耗尽，燃烧氦发光发热并膨胀。

红超巨星
恒星不断膨胀变热，内部通过热核反应最终形成一个质量巨大的铁核。

行星状星云
恒星燃料耗尽，外层物质散逸，放出气体。

超新星爆炸
超新星爆炸，其光芒异常耀眼，相当于太阳的10亿倍，同时释放出巨大的能量。

白矮星
恒星逐渐变小，不再生成能量，最终结束一生。

黑洞
质量超过太阳20倍的恒星，强烈收缩形成可怕的黑洞。

中子星
质量超过太阳10倍的恒星的一生就此终结。此时其内核质量极大。

黑洞探险事故

臭小子，现在高兴还为时尚早。

就目前的距离，我们还没有完全摆脱黑洞的引力。

真的吗？

开什么玩笑！黑洞到底是什么东西，怎么会这样？

摇头

摇头

黑洞是恒星的坟墓。刚才我们也在这坟墓里逃生了一回！

恒星寿命耗尽，消亡后产生的东西就是黑洞。

嘶——

您是说恒星死后，就会变成黑洞？

刚才您不是说，恒星死了会变成星云吗？

那是说的大小和太阳差不多的恒星。

如果恒星比太阳大很多，那结果就不一样了。

怎么不一样？

质量比太阳大数十倍的恒星，其表面温度很高而呈蓝色，所以也叫蓝巨星，

蓝巨星

太阳

这些恒星随着年龄增长，就会变成比红巨星还要大的红超巨星。

红巨星
（毕宿五）

红超巨星
（参宿四）

哇，实在太大了！

红超巨星到最后也会发生大爆炸，并迎来死亡。这就是超新星爆炸。

体积这么大，死也是死得很壮观吧。

▶ 什么是超新星？

　　超新星是爆发变星的一种，超新星爆炸是某些恒星演化接近末期时经历的一种剧烈爆炸。明明濒临死亡，却为何还要如此命名呢？这与超新星最初被发现时的小插曲有关。1572 年丹麦天文学家第谷·布拉赫发现，在夜空中出现了之前一颗从未见过的星星，就将其命名为"超新星"，意为"全新的星星"。可不曾想到那并非新诞生的星星，而是红超巨星爆炸时，发出的极其耀眼的光芒。直到后来人们才发现，超新星并不是新星的诞生，而是恒星的死亡，不过"超新星"这个名称一直沿用至今。

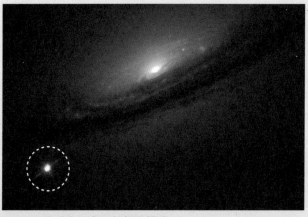

NGC4526星系中发生的超新星爆炸。

出现了一颗新星。

第谷·布拉赫观察到的超新星。

超新星爆炸一旦发生，恒星外层物质会全部消失，只剩下中心部分。

呜呜，越来越瘦了！

这个中心部分越来越小，最后会变成黑洞。

变得多小呢？

举个例子，质量和太阳差不多的恒星，会变成和首尔市一般大小的黑洞。

首尔市

和太阳一样大的恒星，变成只有首尔市那么大？

惊呆了！

变得好小啊！

根据万有引力定律，引力和质量成正比，和距离的平方成反比，

越重、越近引力就越大！

质量

距离

咚

引力

体积很小却具有无比巨大的质量，所以引力也变得非常大。

快过来！

啊，拉得太猛了吧！

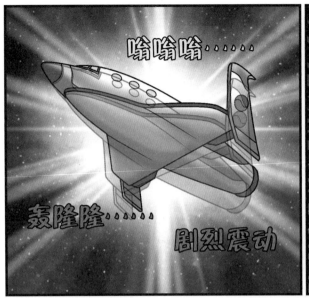

宇宙的黑色窟窿——黑洞

　　黑洞是指宇宙中把周围所有物质都吸入其中的黑色窟窿。发生超新星爆炸后，恒星的外层物质全部消失，而核心部分却会急剧地坍缩成一个点。此时黑洞的中心会变成一个体积无限小，而密度无限大的奇点。奇点的引力非常巨大，连光都无法逃逸，所以我们无法用肉眼看到黑洞。黑洞最外层的边界叫作事象地平面（事件视界）。如同太阳从地平面落下就无法看到那样，在事象地平面以内发生的事情，在外面绝对看不到，所以才有了这个名字。那么，人如果接近黑洞，会发生什么呢？可能由于先被吸进去的部分比后来吸进去的部分受到的引力更强，从头到脚整个身体会像面条一样被拉长，然后整个身体就会成为碎片并最终消失。

天鹅X-1黑洞　　天鹅X-1黑洞吸进巨大恒星的合成图片。

啪
（飞船重新出现）

哟吼！成功了！请叫我超人，是我拯救了大家！

我做得漂亮吧？夸夸我，快点夸夸我。

咬牙切齿！

彻底完了！

瞧你干的好事！

大叔勃然大怒，猛地起身

啊？

瞬间移动技术本来就不是很成熟！

就算准确输入坐标，都有可能不成功……

勃然大怒

得先查查这是哪里！

千万不能离太阳系太远啊……

手心都冒出了冷汗！

128

哔！

找到了！

我们现在在这里！

这里！

那个长得像UFO的东西是什么？

是我们所在的银河系啊。

银河系是什么？净说一些我听不懂的话。

宇宙的恒星聚集而成的特定部分，即很多恒星聚集而成的集团，就叫作星系。

我们太阳系所在的星系，就叫作银河系。

▶ 什么是银河系？

银河系是我们所居住的地球所在太阳系所属的星系。其直径约 10 万光年，预计有约 2000 亿颗恒星。在银河系中，人们发现了约 136 亿年前诞生的恒星，因此推测其年龄不会低于 136 亿岁。银河系的相邻星系有仙女座星系、三角座星系、大麦哲伦星系、船底座矮星系、天龙座矮星系等。

这是俯视银河系时的样子。

就像旋涡一样呢。

棒旋星系

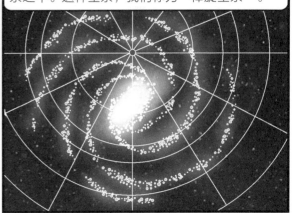

你看星星像旋涡一样排列延展的部分，我们称之为"旋臂"。银河系的核心有明亮的恒星涌出聚集成短棒，而旋臂则看似由短棒的末端涌现至星系之中。这种星系，我们称为"棒旋星系"。

而星系中心没有棒状结构的螺旋星系，我们称为"旋涡星系"。

这是椭圆星系，外形像鸡蛋一样，呈正圆形或椭圆形。

旋涡星系

椭圆星系

星系没有特定的形状和结构，我们称为"不规则星系"。

不规则星系

每一个星系都有少至几百万，多至几千亿颗星星。

嗬，竟然有那么多！

星系聚集起来形成一个个的集团，叫作星系团。

反正不计其数就对了。

那么到底有多少颗星星啊？

据推测，宇宙中星系超过数千亿个。

如此巨大的星系也只是宇宙的一小部分而已，很惊讶吧？

宇宙真的无边无际啊！

是的。不过我们是因为谁，在这浩瀚的宇宙中迷失方向的啊？

嘿嘿，船长，消消气！我知道您最厉害了，一定能回去的。

船长，这里距地球有多远呢？

我们来看看，从银河中心到太阳系的距离大约是3万光年。

3万光年

太阳系　　银河中心

我们宇宙飞船的位置，也差不多是从太阳系到那儿的距离……

我们在这儿！

原来从这儿到太阳系的距离也大约有3万光年啊！

3万光年？我的妈呀！

呃嘀

罗云！你这个混蛋，看你干的好事！

嗒嗒

摇晃 摇晃

你应该事先告诉我的，后悔药都没得吃了，吗吗……

其实，也不用太担心啦，根据我这个宝贝——奥德赛1号的性能嘛。差不多半个月就能回去了！

自豪

真的吗？

不过呢，犯错总应该受惩罚的吧？

啊啊啊啊……

美琪，要不要一起呀？

咯吱咯吱挠脚！

……

啪啪

啊啊，救命啊！

恒星的集团——星系

星系是由很多恒星和星云组成的巨大天体群。20 世纪 20 年代之前，人们一直认为除了我们所在的银河系外，就没有其他的星系了。直到 1924 年，天文学家哈勃用望远镜发现了不属于银河系的天体，这才首次确认其他星系的存在。

星系的种类

棒旋星系

棒旋星系在星系的中心有明亮的恒星涌出聚集成短棒，其旋臂则看似由短棒的末端涌现至螺旋星系之中。从侧面看就像扁平的圆盘一样。银河系和NGC 1300星系等都属于棒旋星系。

旋涡星系

星系中心没有棒状结构的螺旋星系，称为旋涡星系。代表性的旋涡星系有离银河系最近的仙女座星系、草帽星系等。

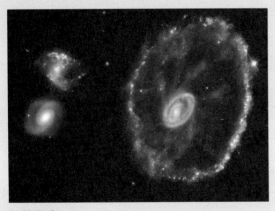

椭圆星系

椭圆星系没有旋臂，外形呈正圆形或是扁平的椭圆形。主要由衰老中的恒星聚集而成。代表性的椭圆星系有位于室女座的M49星系。

不规则星系

不规则星系没有一定的形状，既不是椭圆形，也不是螺旋形。这种星系在宇宙中的比例最小，不规则星系的代表就是麦哲伦星系。

03

向着宇宙发出挑战

　　从很早以前开始，人类就对宇宙充满了恐惧和憧憬。即便是在那个没有任何科学设备的年代，人类也在为解开宇宙的秘密而努力。比如日心说，在以前需要人们誓死来捍卫，而今却是众人皆知的事实。这就是很多人勇于挑战的结果，从而也开启了探索宇宙的新时代。在本章中，我们将要了解以前人们对宇宙的看法及宇宙探险的历史。

从地心说到日心说

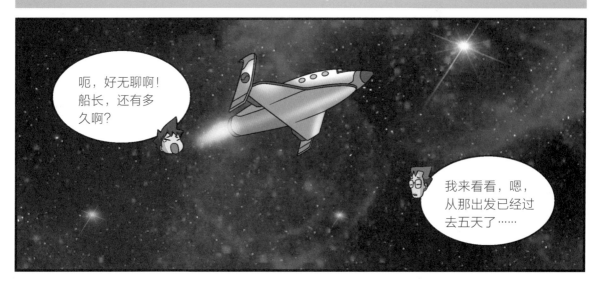

以前的人们认为天上居住着神。

所以天上的太阳或星星都是神发过来的旨意。

不听话就要受惩罚
（天空飘来八个字）

嗨！我可不敢违抗神的旨意。

当时流行通过观察星星的亮度或位置，以及移动路径来占卜，这就是所谓的占星术。

陛下，不供奉祭品，神会生气的。

什么？还不快快准备祭品啊！

受到这种占星术的影响，出现了塔罗牌和星座运势。

LE SOLEIL.

我是中心！

以前人们相信地心说，认为地球是宇宙的中心。

▶ 什么是地心说?

地心说是古代的宇宙观，认为地球是宇宙的中心，也叫作天动说。认为地球处于宇宙中心静止不动，太阳、月亮以及行星在各自的轨道上绕地球运转。从古希腊起，一直到16世纪，"地心说"一直占统治地位。

假设地心说是正确的，那么在地球上看，各大行星应该按照固定的方向运行。而事实上，火星有时候会出现反向运行。

逆行

顺行

为什么会这样呢？

那是因为地球和火星都围绕着太阳公转。

而火星的公转周期比地球长，所以有时候火星看起来向后移动。

这是地心说无法解释的现象。

火……火星为什么会那样啊？

是什么地方弄错了？

不过当时的人们，对地球是宇宙中心这一点深信不疑。

地球绝对是宇宙的中心。

于是，学者们引入了新的概念来试图解释这个现象，但并没有改变地心说的基本立场。

各行星都绕着一个较小的圆周运动，而每个圆的圆心则在以地球为中心的圆周上运动，绕地球的那个圆叫"均轮"，每个小圆叫"本轮（周转圆）"。

均轮

月球

水星 金星

地球

太阳

火星

均轮

地球

本轮

行星

古希腊天文学家托勒密

138

托勒密集古希腊天文学知识之大成，编写了《天文学大成》。

《天文学大成》

《天文学大成》是古希腊天文学家托勒密以地心说为基础，汇集当时天文学知识而编写的一本书。此书在16世纪日心说出现之前，一直被奉为地心说的教科书。

1515年印制的拉丁语版
《天文学大成》

地心说也符合当时的宗教教义，即神将人类作为宇宙的中心。

神创造了人类，并置于宇宙的中心。

就这样在宗教的庇护下，地心说大约维持了1500年的时间。

1500年吗？

错误的事实居然被相信了那么久。

不过看似完美的地心说，终究还是出现了漏洞。

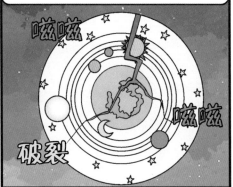

嗞嗞

嗞嗞

破裂

随着技术的发展，人们发现了越来越多不利于地心说的证据。

哦，看到了！

真的耶？

当中起决定性作用的，就是伽利略发明的望远镜。

意大利天文学家伽利略（1564—1642）

1610年，伽利略通过望远镜首次发现了围绕木星公转的4颗卫星。

所有的天体都围绕地球旋转的观点是错误的。

当时的人们还是坚信地球是宇宙的中心，

所有的天体都围绕着地球运动。

通过望远镜发现了卫星，他们一定也很吃惊。

再也不能固执地认为地球就是宇宙的中心。

没错。

伽利略认为，太阳系的中心不是地球，而是太阳！地球是围绕太阳旋转的。

什么？

地心说是错的。

这就是太阳中心说，即日心说。

支持日心说的证据

根据地心说的观点，所有的行星都位于太阳和地球之间。因此，人们只能观察到金星残相的样子，而不能见到金星满盈的样子。伽利略利用望远镜，观察到金星半相和全相的样子。也就是说，金星位于太阳的对面，各大行星不是围绕地球转动而是围绕太阳公转。这成为支持日心说的有力证据。

伽利略观察金星的变化而作的素描
伽利略把它作为日心说的强有力证据。

但是伽利略以说谎煽动人心的罪名，受到了宗教的审判。

是吗？

伽利略的主张就是事实啊，为什么会受到审判呢？

日心说是违背宗教教义的学说，伽利略以违抗神的旨意为由被判处有罪。

伽利略受到宗教审判

不过伽利略以再也不主张日心说为条件，最终被释放了。

是我错了，日心说是错误的。

心想：不过地球还是转的。

伽利略发现的证据开始在人们之间传开。

这个……地球不是宇宙的中心。

听说地球围绕太阳转动。

叽里 咕噜

伽利略主张的日心说，在他死后得到了证实。

▶ 主张日心说的科学家们

1543 年，波兰天文学家哥白尼，搜集当时的科学资料完成《天体运行论》一书，否定了地心说。意大利天文学家布鲁诺拥护哥白尼的日心说，最后被宗教裁判所判为"异端"而处以火刑。此外，德国天文学家开普勒证明行星的运行轨道接近椭圆形，为自然科学奠定了基础。

今天，我们能学习这些关于宇宙的正确知识，

都离不开那些伟大的科学家们的共同努力。

谈论宇宙的时候，也不至于丢性命。

那么，剩下的10天能好好地过了吧？

好的！能跟大叔一起在太空旅行太棒了！

膨胀着的宇宙

出发已经有10天了，竟然还没有看见尽头。

宇宙真是太大了。

宇宙到底有多大啊！

宇宙是没有边际的，所以无法得知宇宙的大小。

没有边际？

哎哎，船长您又没去过，可不能妄下结论！

是真的呀！

因为宇宙现在也还在持续变大。

宇宙真的正在变大吗？怎么变的？

要解释这个问题，故事还得从头说起。

1929年，美国天文学家埃德温·哈勃用望远镜来观察宇宙。

他发现银河系周围的星系离得越来越远。

哈勃为了解释这种现象而埋头研究。

我也很好奇为什么会离得越来越远呢？

哈勃反复地思考！

如果只是一部分星系移动的话，

肯定有星系是离得越来越近。

可问题是，所有的星系都在变得越来越远。

不会是整个宇宙还在膨胀吧？

按照哈勃的说法，星系之间正变得越来越远。换言之，宇宙正在不断膨胀。科学家们对哈勃的发现产生了浓厚的兴趣。

宇宙膨胀的说法听说了没？

是哈勃发现的那个吗？

各个星系之间正变得越来越远啊。

就连相信宇宙始终静止的爱因斯坦，也承认自己错了。

就算是天才也有失误的时候呀。

认为宇宙始终静止，这是我一生当中最大的失误啊！

像爱因斯坦那样的天才也承认的话，看来真的是事实喽。

是啊，难道我还会对你们说谎不成？

宇宙一直在膨胀，是不是就意味着原先的宇宙很小呢？

很久以前的我，有点小……

是啊。脑子终于开窍了嘛！

在很久很久以前，宇宙不过是很小的一个点而已。

人家也有小时候嘛……

卖萌

▶ 无垠宇宙的开端——宇宙大爆炸

　　大约 150 亿年前，宇宙只不过是一个很小的点。那个点在某一瞬间，突然"嘭"的一声发生了爆炸。从此，才有了时间和空间的概念。这就是宇宙大爆炸，即 Big Bang。宇宙一点点膨胀，开始具有了最初的形态：由能量形成的粒子聚集在一起形成了原子；光在宇宙中飞来飞去。大约在 2 亿年以后，才形成了最初的恒星。宇宙大爆炸过去 5 亿年后，诞生了我们所在的银河系。

宇宙大爆炸
宇宙大爆炸的瞬间所产生的能量，构成了宇宙万物。

根据"大爆炸宇宙论"的观点，宇宙起初只是一个点，后来随着"砰"的一声巨响发生了大爆炸，才慢慢变大。

您是说这么多的星星，都是从一个点变来的吗？

船长，您是不是电影看多了？

啥？臭小子找死呢！

也对，刚开始大家都觉得这个理论很荒唐。

稍微冷静了一些。

不过也有科学家们对此持反对意见，认为宇宙没有起点也没有尽头，且永恒不变，这就是所谓的"稳恒态宇宙论"。

说宇宙"砰"的一声爆炸，然后逐渐变大，这像话吗？

稳恒态宇宙论

宇宙一开始就像现在这般大的。

后来很多的新发现都证实了"大爆炸宇宙论"的可靠性，这也使得那些"稳恒态宇宙论"者不得不销声匿迹。

1.越是离银河系远的星系，就会以越快的速度远离银河系。
2.宇宙空间里充斥着相同的电磁波，且宇宙温度是均一的。

也……挺像话的……

在那之后，很多科学家通过大量的研究，

也一致认为"宇宙大爆炸论"是最可信的。

原来是这样啊！

那么宇宙会一直膨胀下去吗？

有可能是这样的，也有可能不是这样。

迄今为止的发现表明，

当宇宙的质量处于一定限度之下，将持续保持膨胀的"开放宇宙"状态。

当宇宙的质量超过这一限度，则会变成"封闭宇宙"，将逐渐收缩，最后有可能崩溃消失。

至于这个质量限度的具体数值，目前无法得知，所以也不知道何时会发生收缩。

担心！

也就是说，宇宙也有可能会灭亡？

嗯，不过就算会成为封闭宇宙，那也是很久很久以后的事……不用担心啦！

不行！我得去阻止宇宙的崩溃！

怎么突然做这个？想干吗？

嘀嘀……

我要减肥，减轻宇宙的质量！

这样宇宙可以永远处于开放状态啦！

啥？脑袋又开始进水了？

哈哈哈哈！

人类探索太空的历史

叮当！稍后将进入太阳系。

啊——好开心呀，好开心！

终于回家了！

没想到见到太阳，竟也会如此开心！

转悠——转悠

啊——头好晕！

呜呜呜，终于回家了！

真是福大命大，才能平安归来……

可不是嘛，差点儿就在宇宙迷路了。

托某些人的福。

我说，都这么久了，大家就忘了吧。

看了看罗云

不过，我们还是最终实现了人类自古以来的愿望。

我为你们感到无比自豪。

真的吗？

我们做的事很伟大吗？嘿嘿！

要知道，宇宙在很久很久之前，就成为人们无比憧憬的对象了。你们说伟大不伟大？

古人觉得宇宙是神居住的神圣地方。

到了近代，宇宙是当时人类唯一无法到达的未知领域。

就算在现代，宇宙也曾经是人类遥不可及的地方。

直到1957年，苏联向宇宙发射了人类历史上的首颗人造卫星，方才揭开了人类探索宇宙的序幕。

针对这一状况，美国在1958年将所有的宇宙开发研究所整合，成立美国国家航空航天局（NASA）。

1969年，阿波罗11号完成了人类历史上的首次登月壮举，开启了人类开发宇宙的新篇章。

到了20世纪70年代，

人们还无法确定地球以外的行星上，是否存在生命体。

1971年水手9号探测器发射升空

1975年海盗1号探测器发射升空

也曾设想，和地球环境最相似的火星上可能存在生命。

1976年海盗1号在火星登陆，其进行的相关实验证实火星上并没有生命体，这一结果有些令人失望。

2011年发射的"好奇号"火星探测器，在火星发现了流水的痕迹，这一发现使得火星上存在生命体的可能性大大提高。

海盗1号（维京1号）

好奇号

▶ 人类历史上的首位宇航员——尤里·加加林

人类历史上的首位宇航员是苏联的宇航员尤里·加加林。他曾经是一名战斗机驾驶员，通过了所有严苛的训练后才成为一名宇航员。1961年4月12日，加加林搭乘首艘载人宇宙飞船——东方1号摆脱地球大气层，完成了史无前例的宇宙飞行。凯旋后，加加林留下了这样一句名言"从太空看到的地球是一个蔚蓝色的星球"。那是人类历史上第一次在外太空观看地球。用108分钟绕了地球一圈后，加加林坐在弹射座椅上与宇宙飞船分离，之后利用降落伞返回地球。

人类历史上的首位宇航员——尤里·加加林
（1934—1968）

为了探索宇宙的奥秘，人类付出了无限的努力，

才换来此次成功的太空旅行。我们可是人类历史上首次从外星系旅行返回的。

原来这次宇宙之旅意义非凡啊！

是啊，正是有这么多科学家们的努力，才最终成就了今天的我们。

罗云你回家后，想做什么呢？

我吗？

首先得去学校呀。

美琪已经决定要好好利用本次宇宙之旅的经历，继续在研究所学习。你也想一起来吗？

真的吗？幸福不要来得太突然嘛！

是呀，虽然你不是那么让人省心，不过我还是会好好关照你的。

有美女的关照，那我也……

哎呀，不对！

好遗憾，我还有其他想做的事呢。

嗯？你爱咋咋地吧！

突然想起来了！

其他想做的事？

空荡荡的粉丝签名会

在那之后我……

我要把这次宇宙之旅中写的日记传到网上，一夜之间变成明星。

今天也有好多人点击呀……

今天我开一个粉丝签名会，以增进我和那些喜欢我的粉丝们的了解。

喀喀，那么现在开始吧！

一个小时之后

粉丝签名会

空荡荡

冷冷清清

喀……嗯……这不是我想要的结果啊！

嗖嗖

153

宇 宙

巨星

光度比一般恒星大而比超巨星小的恒星。根据不同的质量和温度，恒星有很多种分类。其中，光度、体积比巨星大而密度较小的恒星，称为"超巨星"；温度较低而光度大的恒星，称为"红巨星"；体积较小且光度小的恒星，称为"亚巨星"。

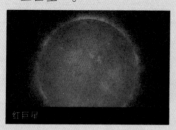

红巨星

金星

金星是太阳系从内向外的第二颗行星，也是离地球最近的行星。其公转轨道最接近圆形，公转周期是 225 日。金星的半径约 6000 千米，质量为地球的五分之四，体积和质量均与地球相似。周围被厚度约 15 千米的云层包裹，其主要成分为二氧化碳，约占大气的 96% 以上。金星上浓密的大气大量吸收阳光，使其表面温度可高达 480 摄氏度，是太阳系中表面温度最高的行星。此外，金星也是唯一一个自东向西自转的行星。其自转轴倾斜角约为 3°，因此几乎没有季节的变化。

冥王星

冥王星是太阳系的一颗矮行星。人们在寻找进入海王星轨道的行星时，发现了冥王星。冥王星自 1930 年被发现以来，长期被列入太阳系九大行星之列。而在 2006 年，冥王星又被划为矮行星，自行星之列除名，编号为 134340。冥王星的公转轨道是一个椭圆，每隔 248 年，它会比海王星更靠近太阳。冥王星的半径约为 1180 千米，大致是月球的三分之二。

木星

木星是太阳系从内向外的第五颗行星，是太阳系中除太阳以外最大的天体，主要由氢和氦组成。木星的赤道直径为地球的 11.18 倍，质量约是地球的 318 倍，巨大的质量使得木星的引力非常强，因此其卫星也非常多。木星周围有光环环绕，1979 年由美国宇宙探测器旅行者 1 号首次发现。

白矮星

白矮星是一种低光度、高温度的恒星，其质量为太阳质量的 0.2~1.1 倍，体积却和地球差不多，因此密度很大。内部由碳氧混合物组成，外部覆盖一层稀薄的氢与氦。

黑洞

黑洞是一个引力极大，连光都无法逃逸的天体。黑洞是由质量足够大的恒星在核聚变反应的燃料耗尽而死亡后，发生引力坍缩产生的。黑洞的中心是一个密度无限大而体积无限小的"奇点"，最外层边界称为"事件视界"。一旦进入这个界面，即使光也无法逃脱。

星云

在太阳系外银河系空间的云雾状天体，分为暗星云和亮星云。暗星云面积巨大，亮度较暗，形状没有特定的规则。其粒子能够吸收背后的星光，使其变得暗淡或者完全遮盖住。亮星云则隐隐发光，好像正在燃烧的外壳。亮星云又可分为能够自行发光的发射星云和反射周围星光的反射星云。

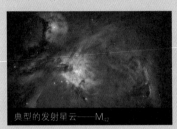
典型的发射星云——M₄₂

小行星

小行星是太阳系内类似行星环绕太阳运动的一种小天体，主要位于火星和木星的运行轨道之间。其体积和质量比行星小得多，其中直径超 200 千米的仅约有30 颗。最大的小行星——谷神星，它的直径为 940 千米；第二大的智神星，其直径为 535 千米。直径超过 100 千米的小行星约有 250 颗。而砾石般大小的小行星，据推测在太阳系有几百万颗。如此小的小行星可能是由稍大的小行星相互碰撞形成的。

爱神星（小行星 433 号）

水星

水星是离太阳最近的行星。半径约2500 千米，是所有行星中最小的。公转轨道呈椭圆形，公转周期约 88 天，也是太阳系行星中公转周期最短，公转最快的行星。而水星的自转速度相当慢，水星上的一天相当于地球上的 59 天。水星离太阳很近，所以地球上很难直接观察到。1974 年，美国宇宙飞船水手10 号将水星的照片传回地球，这才见识到其"庐山真面目"。

极光

极光是由被地球磁场捕获的太阳风中的带电粒子与大气层中的原子相互作用产生的现象。极光由大气中的原子和大气圈外廓的高能粒子相互作用而产生。太阳风携带的大量带电粒子到达地球，被地球的磁场捕获而产生的现象。带电粒子使高层大气中的氧原子或氮原子发生电离，而这些离子会发出不同波长的光，这也就是我们所看到的多彩极光。

极光

卫星

卫星是指按一定轨道绕行星运行的天然或者人工天体。水星和金星没有天然卫星，而地球有 1 个，火星有 2 个，木星、土星都超过 60 个，天王星有 27 个，海王星超过 13 个。卫星大小不一，有的直径只有几千米。而地球的月球，木星的木卫一、木卫二、木卫三、木卫四，土星的土卫六，海王星的海卫一等卫星的半径介于 1000 千米至 3000 千米之间。

流星

流星是一些小岩石或者来自太空中的颗料物穿过地球大气层时燃烧而产生的现象。流星发出的光是流星中的原子与大气摩擦燃烧而产生的，一般在距离地面100 千米的高空就燃尽消失。没有完全燃尽的岩石或者金属残留物，就是陨石。

流星

星系

星系是指无数的恒星和星际物质组成的天体系统。几乎每一个星系，都属于某个星系团，而每个星系团则都由1至10000个星系组成。星系的直径约有数万光年，在一个星系团内部，各个星系间的距离平均约100万至200万光年。星系团之间的距离，据推测是上述数字的100倍。每个星系都大约有10亿至1000亿颗恒星。星系大致可分为旋涡星系和椭圆星系，也有一些星系不属于上述分类，而归为不规则星系。

中子星

中子星是由超新星爆发所形成的天体，体积小而密度大。一般来说，中子星的直径约20千米，而质量却相当于整个太阳，因此其密度非常大。

地球

地球是太阳系从内向外的第三颗行星，是太阳系中唯一具备生命体宜居条件的行星。体积比邻近的金星和火星大，而远远小于木星、土星、天王星和海王星。20世纪60年代，人类首次获取了地球完整的图像，发现地球比其他行星更显得绚丽多彩。地球固态圈层的最外层是地壳，往下依次为：地幔、外核和内核。地球最显著的特征就是存在着水。地球的海水和地壳保护了地球上的生命，使之成为太阳系中唯一的生命栖息地。地表的环境同该地区有机体一起，构成了地球的生物圈。生物圈是地球特有的特殊环境。

色球

色球是太阳大气的中间层，厚度约数千千米。只有在发生日全食的短暂时间内，我们才能在暗黑日轮的边缘可以看到一弯红光，这就是色球的光辉。之所以呈红色，是因为氢元素受紫外线激发辐射出红光。色球的温度约4300摄氏度，随高度升高而增加。色球层中会发生耀斑和日珥现象。

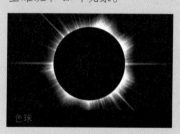

色球

天王星

天王星是太阳系从内向外的第七颗行星，由英国天文学家威廉·赫歇尔在1781年通过望远镜观察发现。天王星的质量约是地球的15倍，体积则是地球的50倍以上。天王星周围有暗淡的光环，由黑暗粒状物和冰晶构成，肉眼不可见。此外，天王星还有一点和其他行星不同，那就是其自转轴几乎与公转轨道面平行，横躺着运行。

超巨星

超巨星是光度、体积比巨星大而密度较

小的恒星，其半径为太阳的几十倍到几千倍，光度是太阳的 100 万倍。超巨星的数量很少，在恒星的演化过程当中，只能存续短短的数百万年的时间。

超新星

超新星是爆发变星的一种，超新星爆炸是某些恒星在演化接近末期时经历的一种剧烈爆炸。超新星爆炸会一次性放出大量的能量，同时会向宇宙空间排放大量的物质，发出的光芒相当耀眼，相当于整个星系的亮度。

超新星爆发

卡戎

卡戎是冥王星的卫星，1978 年被发现。卡戎离冥王星很近，受冥王星光亮的影响，很难被发现。卡戎的大小和冥王星大小差不多，绕冥王星公转的周期约为 6.4 天。2006 年，冥王星降格而被划分为矮行星，卡戎也称为 134340 I。

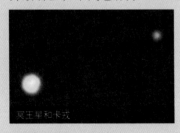
冥王星和卡戎

日冕

日冕是太阳大气的最外层，延伸到几个太阳半径甚至更远。日冕温度有 200 万摄氏度，密度非常低。由于太阳磁场的影响，日冕的大小和形状不断变化，没有明显的边界。太阳往外抛出的太阳风由日冕层的气体生成。日冕温度很高，而密度较小，此处产生的热量也较少。另外，日冕层由于太阳表面的亮光，所以很难用肉眼可观测到。只有当发生日全食时，月亮遮住了太阳的光亮，人们才能用肉眼观测到。

日冕

太阳

太阳是太阳系的中心天体，占有太阳系总体质量的 99%，太阳系中的所有行星都围绕着太阳公转。太阳的直径约是地球的 109 倍，质量约是地球的 33 万倍。太阳是一个无比巨大的能量源，其中的一部分以光和热的形式到达地球，成为生物维持生命的必要条件。

太阳系

太阳系是太阳和以太阳为中心、受它的引力支配而环绕它运动的天体所构成的系统。太阳占有太阳系总体质量的 99% 以上，除此之外，太阳系还包括八大行星及附属的卫星、小行星、彗星、流星体和行星际物质等。

太阳风

太阳风是太阳日冕因高温膨胀不间断向行星际空间抛出的高能粒子流。太阳风的初速可达每秒 500 千米，27 天后进入土星轨道。而由于太阳会自转，太阳风所携带的磁力线不是直线，而是螺旋线。同样地，吹向地球的太阳风，其到达位置会较前偏西约 36 度。太阳风到达地球后，会被地球磁层吸收，引起很多地球上的物理现象。

土星

土星是太阳系从内向外的第六颗行星，是太阳系仅次于木星的第二大行星。其质量约为地球的95倍，体积差不多是地球的750倍。土星的自转轴倾角约27度，因此存在活跃的气候变化。土星的光环由不计其数的颗粒组成，其直径大小从几微米到几米都有。这些颗粒疏密不一，中间有间隔。

耀斑

太阳耀斑是在太阳黑子附近，色球的一部分发生的一种剧烈的爆发现象，持续时间从几分钟到几小时甚至十几小时。太阳耀斑的辐射能量主要是紫外线辐射，并带有高能粒子、低能粒子、强X射线等。速度慢的粒子到达地球外围需要1—2天，这些辐射能对于人类是有危害的。耀斑发出的辐射能和粒子，与地球磁场及电离层相互作用，会影响电波通信，也会产生极光现象。

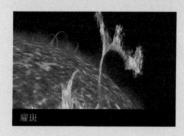
耀斑

海王星

海王星是太阳系从内向外的第八颗行星，1846年被发现。海王星的平均日距为44.94亿万千米，公转轨道为椭圆形，公转周期为165年。海王星的质量约是地球的17倍，体积超过地球的44倍。由于远离太阳，海王星接受的太阳辐射非常有限，不过温度测定结果显示，

海王星同木星和土星一样，核心温度都很高。已知的海王星卫星有13个以上，其中的大部分形状不规则，表面暗淡。

哈雷彗星

哈雷彗星是首颗被准确预测公转周期的彗星，它的发现证实一部分彗星也是太阳系的组成部分。爱德蒙·哈雷认为1456年、1531年、1607年、1682年出现的彗星是同一颗，并且预测这颗彗星会在1758年再次出现。到了1758年，这颗彗星果真再次出现。后来人们为了纪念他，将这颗彗星命名为"哈雷彗星"。

哈雷彗星

行星

行星是指围绕太阳或其他恒星按照一定轨道公转的天体（彗星、流星、卫星除外）。太阳系共有八大行星，由内向外分别是水星、金星、地球、火星、木星、土星、天王星和海王星。冥王星也曾经是太阳系行星中的一员，不过在2006年被重新划分为矮行星，从行星序列中除名。这些行星又分为类地行星和类木行星。前者包括水星、金星、地球和火星；后者则包括木星、土星、天王星和海王星。类地行星大都具备和地球差不多的体积和质量，密度大；而类木行星的质量大抵是地球的15~318倍，密度仅约为类地行星的五分之一。类地行星的密度之所以大，是因为其主要由重元素组成。而类木行星的大部分都是氢元素和氦元素等轻元素，核心部分为金属状态的固体。

类地行星
火星
天王星
海王星
金星
地球
木星
水星
土星
类木行星
太阳

日珥

彗星

彗星是进入太阳系内亮度和形状会随日距变化而变化的绕日运动的天体，外貌是独特的云雾状。彗星分为彗核、彗发、彗尾三部分。当彗星离太阳较远时，只能通过望远镜看见彗核部分，彗核形状不规则，主要由冰、碳等微粒物质组成。彗核接近太阳时，表面的冰升华成水蒸气，背离太阳的方向形成尘埃尾和离子尾两条彗尾。太阳系外围的奥尔特云，布满了数亿颗彗星。这些彗星受到周围的恒星或是太阳系行星的引力影响，就会从云团分离出来。

日珥

日珥是太阳边缘的明亮突出物。日珥是发生在太阳表面的一个现象，其形成原因与太阳磁场有关。日珥的形状类似于地球上的云彩。日珥的密度比光球层小，发生在光球表面时，看起来像灰暗的条纹；而发生在太阳边缘的日珥，看起来像火红色的云彩。

火星

火星是太阳系从内向外的第四颗行星，其直径约为地球的一半。火星的公转轨道呈椭圆形，因此火星和地球之间的距离并不确定。火星的平均日距约为2.28亿万千米。火星有两个卫星，分别为火卫一和火卫二。另外，火星的自转轴也存在倾斜角，且有大气包围，因此火星上也有季节的变化。火星上大气稀薄，主要成分是二氧化碳。火星表面有火山、广阔的熔岩台地、多种类型的溪谷和峡谷等痕迹，大部分都比地球上的大。至于火星上是否存在生命体，目前仍是未知数。

太阳黑子

太阳黑子是指太阳的光球表面较暗的区域，它是磁场聚集的地方，也是太阳活动的重要标志。太阳黑子中心的暗部温度最低，也是最暗的部分。太阳黑子周围的半暗部温度较高，同时也比较亮。这种差异，据推测源于黑子上的巨大磁场。

图书在版编目（CIP）数据

穿越星际大冒险 / 韩国波波讲故事著；（韩）李正泰绘；章科佳译 . — 长沙：湖南少年儿童出版社，2016.5（2022.5重印）

（大英儿童漫画百科）

ISBN 978-7-5562-2180-6

Ⅰ . ①穿… Ⅱ . ①韩… ②李… ③章… Ⅲ . ①宇宙 – 儿童读物 Ⅳ . ① P159-49

中国版本图书馆 CIP 数据核字（2016）第 065134 号

大英儿童漫画百科❶·穿越星际大冒险

DAYING ERTONG MANHUA BAIKE ❶ · CHUANYUE XINGJI DA MAOXIAN

策划编辑：周　霞　　　责任编辑：钟小艳

质量总监：阳　梅　　　封面设计：陈姗姗　　审校：秦寔嵩

出版人：刘星保

出版发行：湖南少年儿童出版社

地址：湖南长沙市晚报大道89号　　邮编：410016

电话：0731-82196340（销售部）82196313（总编室）

传真：0731-82199308（销售部）82196330（综合管理部）

经销：新华书店

常年法律顾问：湖南崇民律师事务所　柳成柱律师

印制：湖南天闻新华印务有限公司

开本：889 mm×1194 mm　1/16　　印张：10.5

版次：2016年5月第1版

印次：2022年5月第28次印刷

定价：35.00元